郑洪升老友龙门阵

妙笔升话

郑洪升 著

天津出版传媒集团

天津人民出版社

图书在版编目（CIP）数据

妙笔升话：郑洪升老友龙门阵 / 郑洪升著. -- 天
津：天津人民出版社，2019.10
ISBN 978-7-201-15277-6

Ⅰ. ①妙… Ⅱ. ①郑… Ⅲ. ①成功心理–通俗读物
Ⅳ. ①B848.4-49

中国版本图书馆 CIP 数据核字(2019)第 202120 号

妙笔升话 ：郑洪升老友龙门阵
MIAOBI SHENG HUA : ZHENGHONGSHENG LAOYOU LONGMENZHEN

出　　版	天津人民出版社
出 版 人	刘　庆
地　　址	天津市和平区西康路 35 号康岳大厦
邮政编码	300051
邮购电话	(022)23332469
网　　址	http://www.tjrmcbs.com
电子信箱	reader@tjrmcbs.com

责任编辑	金晓芸
特约编辑	康嘉瑄
装帧设计	明轩文化·王　烨

印　　刷	天津旭丰源印刷有限公司
经　　销	新华书店
开　　本	710 毫米×1000 毫米　1/16
印　　张	17.75
字　　数	194 千字
版次印次	2019 年 10 月第 1 版　2019 年 10 月第 1 次印刷
定　　价	49.80 元

序

本书是我爸爸郑洪升出版的第六部著作。爸爸嘱我作序。

现在很多家长关注对孩子的家庭教育，特别是学习成绩欠佳的孩子的家长。我想和家长朋友用摆龙门阵的形式聊聊我爸爸在我的成长中所起的作用。

有个成语叫杞人忧天。这个成语形容什么最贴切呢？我认为是形容学习成绩差的孩子的家长的焦虑心情最贴切。您说了，作为学习成绩中下的孩子的家长，焦虑不对吗？怎么就是杞人忧天呢？

孩子从出生起，就加入了人生竞争。那么，人生竞争制胜的最后撒手锏是什么？换句话说，人生竞争制胜的终极武器是什么？这个终极武器和考试成绩之间有关系吗？

我认为，一点儿关系都没有。

先来看看我的成长经历。

我的最高学历是小学四年级。我小学四年级的时候是1966年，由于众所周知的历史原因，我辍学了。随父母从北京到河南省遂平县"五七干校"劳动改造。

"五七干校"办了一所子弟学校，我就到那所子弟学校就读。

一天,老师留了一个作文《早起的鸟有虫子吃》,让我们当堂写。我变更了老师的题目,变成《早起的虫子被鸟吃》,我是这样写的:

早起的鸟有虫子吃,这是很多孩子被长辈教诲的话。似乎只要勤奋,不管朝哪个方向发展,都会"有虫子吃"。事实上,首先要弄清自己是鸟还是虫子。如果你是鸟,因为早起,可能丰衣足食。但是如果你是虫子,一旦早起,必将引来杀身之祸。作为虫子,还是睡懒觉比较安全。要不怎么会有"懒虫"之说?

据说世界上没有完全相同的两片树叶,更没有完全相同的两个人。大千世界,芸芸众生,千姿百态,如果不分青红皂白地一刀切,其结果必然是无数人的人生道路越走越窄。众多虫子由于按照鸟的规则去早起,出师未捷身先死,被他人填了肚子。

退一步讲,就算您是鸟,也应该避开就餐的高峰。所有鸟都早起去找虫子吃,虫子再多,摊到您嘴里能有一只就不错了。您晚起,就您自己吃,即便全世界只有五只虫子,也全归了您。您要是吃不了,还可以储存起来防患于未然,高枕无忧。

再退一步讲,即便您是鸟,为什么非要吃虫子?不和同类竞争,改吃苍蝇岂不更好?如果您作为鸟真的靠吃苍蝇维持生命,等待您的是什么,就不用我说了,形容您"一夜成名,震惊世界,人类益友"都属于词汇贫乏。

早起没用。关键是要根据自身条件起得恰到好处。

老师看了我的作文,说学生不能变更老师的作文题目。我就跟老师辩论。说不过我，他就说，郑渊洁，你当着全班同学说几百遍"郑渊洁是全班最没出息的人"。我说了几百遍，后来不想说了，再说就没有尊严了。河南那时候有一种鞭炮叫拉炮，拉炮不用明火引爆，使劲往两边拽绳子，拉炮就能响，应该是类似手榴弹的原理。那个时候我衣服兜里正好装了拉炮，我就将十个拉炮拧成一股，引爆了。其实那个位置还是挺危险的，因为在课桌底下嘛。

老师说，郑渊洁，你被开除了，你滚出去。我就在硝烟中昂首挺胸地滚出去了。那硝烟有点儿像今天演唱会时释放干冰的效果。于是，我就被学校开除了。各位家长可以想想，被学校开除的我，应该比您的考试成绩中下的孩子差很多吧？如果我说我小时候在学校的境况类似于考试成绩中下的孩子，绝对属于高攀。

咱们假设一下。如果您的孩子被学校开除，您能使用什么教育方法让您的孩子在人生路上逆袭，笑到最后、笑得最好呢？

前几年，我爸爸邀请当年在河南遂平"五七干校"时的同事到我的住所做客，当那位叔叔置身于四面都是顶天立地书柜的书房中时，他掉眼泪了。他对我爸爸说，老郑啊，真没想到郑渊洁有今天，当时在河南渊洁被学校开除时，我们都认为他不进监狱就是获得了巨大的人生成功。

那么，我爸爸妈妈是怎样将被学校开除的我培养成今天这样呢？

我认为，最关键的是他们通过我被学校开除这件事，让我受到了最重要的教育，让我获得了人生竞争成功的最后撒手锏，也就是终极武器。这件终极武器是什么呢？且听我慢慢道来。

我爸爸妈妈从来不打骂我，如果我犯了事，他们就让我写检查。他们对我的检查要求比较高，不能使用与上次的检查重复的语言，不能写"我以后坚决不怎么样怎么样"那种"八股"检查。

被开除那天，我知道爸爸妈妈肯定会知道我被开除的事，所以我事先就写好了检查。那篇检查被我写成了小说，人物、情节、铺垫、悬念都有了。

我爸爸种地回来一进家门，我看到他脸上很严肃，用今天的话说，脸上全是"雾霾"，我就知道他已经知道我被开除的消息了。

我忙双手呈上检查。爸爸看检查，看着看着，我发现他脸上的霾被大风吹得无影无踪。他看得都笑了。我想，这时应该是我爸爸最初意识到儿子有当作家的潜质。

我爸爸说，明天他带我去学校向老师道歉，给老师念这个检查，还让我给老师鞠三个躬。后来我才知道，开追悼会才鞠三个躬呢。

后来所有老师开了一个会，一致通过了开除我、不能收留我的决定。

在回家的路上我爸爸说，没关系，小子，我在家自己教你。

很多年后，有一次我乘坐火车，旅途中看一本书，书名是《爱迪生传》。其中写到爱迪生被老师认为朽木不可雕劝退后，爱迪生的妈妈领着爱迪生在从学校回家的路上说：孩子，没关系，妈妈在家教你。我看到这里时，想起了当年我的爸爸在我被学校开除后对我说了相同的话，泪如泉涌，吓坏了四周的旅客。

后来我爸爸在家教我，他当过军校的教员。他给我上的第一节课是递给我一本小册子，爸爸让我用一周时间背下这本小册子，遇到不认识的字就查字典。这本小册子的名字叫《共产党宣言》。作者是两个人，马克思和恩格斯。

大家可能意识到了，后来我在家教我的儿子郑亚旗，应该属于"上梁不正下梁歪"，是当年我爸爸在家教我时对我的身教的延续。

可能有家长会问，你郑渊洁被学校开除后，你的爸爸在家教你,怎么就给了你人生竞争的终极武器呢?

首先我被老师开除缘于我的作文,严格说,我那篇作文的观点并非不正确,老师以文治罪,因为作文开除我。我爸爸不认为儿子犯了错误,而是认为老师可能犯了错误。在老师和学生发生矛盾时,并非都是老师正确,如果学生正确,家长站在孩子一边,就对孩子进行了同情心和正义感的滋养和培育。而同情心和正义感是人生成功的终极武器,如果再加上与人为善和敬业,孩子就会机遇四"伏",稳操胜券。

咱们假设我爸爸妈妈在我因为写作文被学校开除后,对我大打出手、辱骂责备,我就会感到冤枉、委屈和无助,感到暗无天日,内心滋长怨气,甚至仇恨。

而爸爸在我被学校开除后,自己在家教我。各位家长设身处地想想,这对孩子是进行了什么样的教育?我的爸爸是我的靠山,当我在学校不是因为犯了错误而遇到排挤时,爸爸是我的依靠,这就让我受到了最好的同情心和正义感教育,从而让我拥有了人生竞争的终极武器。

我在写作的四十年中也遇到不少困难。每当我遇到困难时,都是爸爸当年那句"没关系,我在家教你"激励我战胜困难。我才能一个人写《童话大王》月刊三十三年,我的作品书刊发行量才能超过三亿册。

让孩子拥有人生竞争最后的撒手锏,和考试成绩真的没有一毛钱关系。我的这篇小龙门阵,在我爸爸的大部头面前,属于班门弄斧。祝贺老爸第六本书出版。

郑渊洁

2018 年 8 月 23 日

老郑的好友们

"杠精"——斜眼看世界，有事没事杠一杠。

老赵

"半吊子"——一瓶子不满，半瓶子晃荡。

老王

"酒鬼"——酒鬼掉进酒池里。

老康

"鳏夫"——老年丧妻，洁身自好。

老张

"烟鬼"——手指缝里总夹着一支烟。

老申

"犀利哥"——不鸣则已，一鸣惊人。

老李

"闷葫芦"——沉默是金，寡言少语。

老何

"痴情汉"——执子之手，与子偕老。

老黄

"吊灯"——样样稀松。

老韩

......

▌目录▌

第六章　知识课堂

第一章　家长里短

恋爱与结婚

老姜说:像咱们这么大年纪的人都是先结婚后恋爱。

老康说:对我来说,结婚有之,恋爱的滋味一辈子没尝过。过去差不多都是头几天领导帮着订个婚,根本没过渡期,接着把两个人的被子枕头合二为一,就算结婚大吉。现在人家小青年,手拉手逛公园,看电影,下饭馆,亲爱的长、亲爱的短,还没结婚登记呢,就住在一起,老公长、老婆短地叫起来了。过些日子不知为什么又和平分手,另有所爱,过后,对方结婚、生孩子了,这一方还去祝贺观礼,真的不可思议!

老赵说:康兄是否感到生不逢时,想重活一回,过过婚姻开放的美日子呀?!

老康说:你的嘴里总是吐不出象牙,我看,你才有此奢望呢!

老赵叹了口气说:我哪会有此奢望,我们家你那位嫂子,现在变得越来越厉害,跟外人说话和气得很,一跟我说话,话就像是横着从嘴里出来的,常常带着命令的口气。一会儿你去干这个吧,一会儿又让你去干那个吧,一点儿商量的余地都没有,稍不如意,就唠叨个没完没了。记得好早以前有个叫《李双双》的电影,听说周总理都喜欢看。那里边有句台词:"天上下雨地下流,两口子打架不记仇,白天吃的一锅饭,晚上睡的一个枕头。"现在我们倒好,由一个枕头,改成两个枕头,又从两个枕头,改为两张床,又由两张床,改为两个屋子。儿子怕晚上出事,还买了一个遥控电铃,开关放在他娘屋里,把铃放在我的屋子里。一天晚上我吃了安定,睡得正香,铃声突然响起,我以为老伴儿心脏出事了,迷迷糊糊过去一看,原来腿抽筋了,让我给她揉腿。我现在过的这是什么日子呀,哪里还有别的花花心思!

老王说:老赵今天终于吐了心声,彼此彼此。咱们这么大年纪的人,也可能命里注定了就这么个活法,习惯了,酸甜苦辣,乐在其中吧!

两口子

老王说:这几年我们大家在一起,经过多次磨合,我一直在想一个问题:有的人能写,但不善讲。有的人嘴皮子很利索,但不能写,像你老郑这样既能写,又能讲的人,我遇到的真不多。

我说:王兄过奖了,常言道,天外有天,人外有人。在咱们这小范围内,好像我在这两方面略高一筹,你要到大学里一看,咱这样的水平,给人家提鞋都未必能被选上。

老姜说:你这次在我们天津读者见面会上的讲话,网友们反映特别好。听说前几天,你在河北省廊坊市一对新人婚礼上的讲话也挺精彩,能否像昨天一样,也给大伙说说?

前天刚吃了天津的狗不理包子,吃了人家的嘴短,我只好遵命了。

在廊坊那次我是以主婚人的身份讲的,是即兴发言。在五分钟之内,我是这么讲的:

我是 80 后,今年八十七岁了,再过三年我就成了 90 后。我老伴儿和我是同一个年代的人,她八十六岁了。我们有两个儿子,一个闺女,有两个孙子,一个孙女,还有一个外孙。我过了八十岁生日后,在新浪开了微博,至今写了三万多条微博,拥有五十六万多的粉丝大军。我还上过《艺术人生》，上过两次《开门大吉》，上过《朗读者》。我还出版过五本书。我说这些的目的不是臭显摆，而是告诉在座的诸位，大家公认我是个有福之人。现在像我这样的有福之人比较稀少，图个吉利，所以，孩子们结婚都盼着我去当主婚人。因为毕竟是往九十岁奔的人了，一般我都谢绝了。那么，今天我为什么离开北京专程来廊坊市参加王昊和李丹的婚礼呢，因为他们的爸爸王晓光是我二小子郑毅洁当坦克兵时的战友，他们一再表示很想让我来，盛情难却，我就特别高兴地来了。现在，我以主婚人的身份，讲几个小故事：

第一个故事，过去有个男孩，不仅一表人才，用现在的话说就是"帅呆"了，而且很有学问。然而他却爱上了一位颜值虽不低，但一只眼失明的女孩。亲朋好友都坚决反对，而这个男孩却说：自从我爱上她后，我认为全世界的人都多了一只眼睛。后来他们力排众议，结为夫妻，家庭幸福，事业有成，两人都成为科学家。

第二个故事，我要说说我国大词作家乔羽先生老两口。他们过了银婚过金婚，过了金婚过钻石婚，家庭非常幸福美满。当记者来采访，请他们谈夫妻相处的窍门时，乔羽先生写了四个大字：一忍再忍。他老伴儿回敬了四个大字：忍无可忍。这个故事告诉我们，两口子过日子不会相敬如宾，生活中充满着矛盾，只有在克服矛盾中，才能不断前进。

第三个故事，说的是有家小两口生孩子后，男的崇尚棍棒底下出孝子，经常打骂孩子。女的说，孩子并不是自己愿意来咱们家的，是咱把人家请来的，咱没有打骂的权利，只有扶持帮助的义务。后来他们的孩子在不挨打、不挨骂的环境中长大，不仅生活快乐，而且成为学霸。

最后一个故事,有对年轻夫妻很善于换位思考。男的主动孝敬岳父、岳母,女的主动孝敬公公、婆婆。在小两口的密切配合下,两家关系处得相当好,生了孩子抢着照看。

受这四个故事的启发,我送给新郎新娘四个字:专(爱情要专一)、让(在生活中要互相忍让)、优(优生优育)、孝(孝敬双方老人)。

在这个大喜的日子里,郑爷爷祝你们新婚幸福,家庭美满,好好学习,天天向上!我在北京等着听你们的好消息。

那天我就讲了这么多,还赢得不少掌声。

老王说:我孙子结婚时你必须去,不去,八抬大轿抬也要把你抬去。

我说:只要给出场费,能弄点儿喝酒钱,我一定去!

妻管严

　　"杠精"老赵的身上,具有山东人的耿直、河南人的机智、山西人的节俭、河北人的沉稳、东北人的豪放等优点。虽然爱认个死理,心直口快,有杠抬三下,无杠三下抬,但从不胡搅蛮缠,得理不饶人。所以大家都挺喜欢这个老头,摆龙门阵时,无他不热闹。

　　老赵的软肋在内而不在外。谁也不会想到,这么一条汉子却特别怕老婆。据说,老赵怕老婆是出了名的。可以说是历史悠久、远近闻名,并且具有极强的传染性。他当科长时,全科室的八位成员个个惧内。传说,一天上班,他要全科室的人站成一列,他喊口令:怕老婆的向前一步走!他见没人动,他带头向前迈了一步。大家见赵科长做表率了,有六个人也向前迈了一步,只有一个人仍站在原地岿然不动。老赵感到奇怪,问他:你为什么不动?这个科员回答:我老婆有规定,在外边不准承认自己怕老婆!

　　谈到怕老婆,老赵从不回避。他往往理直气壮地说,在中国历史上怕老婆的人多了。在外国,美国最伟大的总统林肯,俄国最伟大的作家托尔斯泰,有数不尽的读者,但他们对自己的老婆却没办法……

　　每当这时,大家都说,老赵总有理,连怕老婆也有理。

家务事

老李说：虽然老郑不是四川人，但他也是摆龙门阵的高手，什么事情让他一摆，就摆出"龙"味儿来了。既然龙门阵就是大事、小事、家事、国事都摆，在前边咱们摆了不少大事，今天，我建议咱们摆点家务事。有句话我认为有绝对真理的资格，这就是"家家有本难念的经"。大家想一想，古今中外包括皇帝家，哪家没有难念的经，其区别不是有没有的问题，只是相对而言大与小的问题。如果经都好念，没有不好念的经，社会就不发展了。家庭与社会就是在把不好念的经变成好念的经的过程中向前发展的，把旧的不好念的经排除了，新的不好念的经又来了。这样，循环往复以至无穷，推动着事物向前发展。基于这样的认识，所以我建议咱们的龙门阵也摆摆"家家有本难念的经"。

老赵说：我觉着老李说的有道理，虽然有"家丑不可外扬"这句话，但我愿意带头扬。我家里最难念的经是我自己。从抗日战争至现在，一切该经历的事，我都经历了，过去我的战友们没人说我不好相处的，可以说我是个非常通情达理的人。可是，随着年龄的增长，大伙都说我变成了一个看什么都不顺眼，整天与老伴儿顶嘴吵架，对儿女们的一些生活方式也看不下去。有首歌叫《常回家看看》，他们回到家后寒暄几句，一个人抱部手机在那里拨弄。这是回家看我来了,还是看手机来了?连吃饭的时候都在看,还一边看一边傻笑。这是什么世道,真看不惯。看到这些,我的气真不打一处来。所以,你们说我是"杠精"。

老康说:我家就一个孙子,孟子曰:不孝有三,无后为大。我就盼着他给我传宗接代呢,都快三十岁了,他就是不结婚。今天领一个女孩回来了,爷爷长奶奶短的叫得那个亲热呀,有时进门后还在我们老两口脸蛋子上"啪叽"一下。他们晚上还睡在一起。我与老伴儿说,这回大概有门儿,可能要结婚了,你就等着实现四世同堂吧!谁知道过了几个月人家平平安安地各奔前程了。这个女孩跟别的男孩结婚时,我孙子还参加人家的婚礼。人家生孩子了,他还去给人家过满月。而他自己又领回来个女孩欢天喜地地过日子,但不领证。我小声跟我老伴儿说,你这个孙子是流水作业呀,只打游击,没有根据地这怎么行?

老杨说:你孙子是好人,遇上的也都是些心地善良的人。我孙子可遇上恶人了。他找的对象原来有个恋人,分手后,与我孙子恋爱了一年多登记结婚。正要举行婚礼时,那坏小子持刀捅死了我孙子,把我儿媳妇当场吓坏了,把我老伴儿也吓了个半死。幸亏我还有个孙子,否则就断根了。我家的这本经不是一般难念,而是真难念呀!

老康说:我的女儿是学霸式的人物,读了小学读中学,读了中学读大学,大学本科毕业后又读研究生,读完研究生,又要读博士,还要读什么博士后。她妈说,要读就读个博士前,跟在博士后边多没意思。今年都三十大几了,就是不提找对象的事,都加入到"剩女"的队伍中去了,但在家里谁提结婚的事她跟谁急。一天,她拿着你写的一篇文章,题目是《我的剩女观》,让我看,我不看。她就给我们老两口念:我郑叔说了,"剩女"一般是才女,"剩女"一般是美女,"剩女"一般是高端女,"剩女"一般是高傲女。郑叔又说了,什么事都可以凑合,唯独婚姻不行。建立在物质上,比如,房子和车子上的婚姻不牢靠,婚姻需要真情实感维系。"剩女"往往重视爱情,在没有找到值得爱的男子前,不拿终身大事当儿戏。作为父母为大龄女儿的婚事操心无可非议,但是也要知道压力下的仓促婚姻易碎。婚姻要从容,要好事多磨,要通过一定时间的磨合,在这方面,"剩女"是智者。在郑叔眼中,"剩女",圣女也!我女儿拿你的这篇破文章武装了头脑,拿上它当炮弹,猛批我们,批得我们体无完肤。最后她进屋子前,还来了句,你不是经常说我郑叔是你的好朋友嘛!怎么差距就这么大呢?好好向人家学习!

你们觉着我们今天的龙门阵有意思吗?你家里有难念的经吗?

六个不敢

老赵说:听说你有"六个不敢"。我就想听听你这"六个不敢"。

哎呀,老赵命题了,我哪敢不从。号称"杠精"的赵兄要敲我一杠子,还不够我喝一壶的?我发现今天大家的情绪都不错,似乎都想听,于是我就慢慢道来。

我说:还是在我八十岁生日的时候,我的三个儿女,主要是我家的领头羊老大郑渊洁他们商量,咱老爸辛辛苦苦一辈子,能赶上八十大寿也真不容易,咱们把在老家的叔叔姑姑们请到北京,把老爸的一些部下也请来,我们在"北京饭店"摆上几桌,让他的子孙后代与亲朋好友欢聚一堂,热热闹闹庆祝老爸的八十大寿。在"北京饭店"开了个高级包间给我过生日,我这辈子连做梦都没敢想。那天我确实很高兴,几杯酒下肚,大家让我来几句。我真的没有什么准备。好在在座的没一个外人,我即兴稀里糊涂地说了"六个不敢"。

我说:根据我一生的体会,第一个不敢是,不敢忘记自己姓什么。人这一辈子,一定要有自知之明,也就是清楚自己吃几碗干饭。不要骄傲,不要自我膨胀,不要自命不凡,不要过高估计自己的力量,不要锋芒毕露,不要盛气凌人,不要把尾巴翘在天上。要夹起尾巴低调做人,要真心实意地,而不是假心假意地只是口头说说向别人学习。三人行确实有我师，到处都是自己的老师。好为人师，实际上是最愚蠢的表现。把自己看成一朵花，把别人看成豆腐渣，没人会买你的账。只能关起门来自己给自己作揖，自我欣赏。

第二个不敢是，不敢忘记孝敬父母。是父母把我们带到这个世界上来的，他们生育之恩永世难报。不孝敬自己生身父母的人，不配做人，连畜生都不如。连乌鸦都会反哺，何况人乎？1955年实行低薪制后，我们两口子加起来一百多元，要养活三个儿女。我们把自己的生活费压到最低限度，每月挤出三十元给远在农村的父母寄去。因为我的爱妻每月去邮局给老家寄钱，孩子们都能看到，言传身教，我们也受了大益。我两个儿子现在都五六十岁的人了，还经常给他老娘洗脚，我女儿给她妈修脚。我的革命小酒和下酒的各种小菜，根本不用我花钱，儿女和孙子们全部免费供应。这大概就是种瓜得瓜，种豆得豆吧！

第三个不敢是，不敢忘记呵护教育子女。我的教育方法与众不同。我们从来不打骂孩子。不要求他们必须达到什么目标，当什么官，成什么家。顺其自然，有什么特长，喜欢什么，就往哪个方向发展。我们只是在他们睡觉时帮垫个枕头，上坡时从后边推上一把。遇到难处，尽自己之力帮其克服。出了错，让其写出像样的书面检查。让孩子们做到的，自己先做到，例如你想让孩子孝敬自己，你先孝敬自己的父母；你想让孩子从小养成读书的习惯，你就多当着孩子面读书；你想不让孩子睡懒觉，你日日四点钟左右起床；你想让孩子不抽烟，你一辈子不沾一支烟。我家里至今没一人吸烟，来了客人也不招待烟。

第四个不敢是，不敢忘记帮助他人。我从小听我母亲对我说的最多的一句话就是，要积德，要行善。我爱帮助人是出了名的。我从来没告过别人的黑状，也没给我的部下穿过小鞋，连鞋带都没紧过。我没跟我的下级发过一次脾气。我手把手教他们怎么写文件，教他们怎样讲课，后来当了比我大的官，成了歌唱家、词作家、作曲家，政府要员的人，大有人在。我牢记吾儿渊洁说的那句话："记住帮助过你的人，忘记你帮助过的人。"我从来没暗示过，要他们对我回报。因为我的儿女也不比他们差，有自己儿女回报，我足够了。

第五个不敢是，不敢忘记读书写字。我基本上做到了活到老、学到老、改造到老的要求。我每天都在看书，天天都在写字，年轻时的情况不用说，仅八十岁之后，我写了三万多条被我的粉丝誉为正能量的微博。我在出版社出版了五本作品。不久的将来可能还有两本书要正式出版。

第六个不敢是，不敢忘记锻炼身体。我一年到头，坚持早睡早起、坚持散步、坚持"话疗"。知足常乐，高高兴兴过日子，不自己跟自己过不去。多看他人的优点，向他人学习，听到农民工、清洁工说了一句精彩的方言土语，我都赶快记到随身带的纸上，只怕忘记。我始终保持一种乐观向上的情绪，因此，吃嘛嘛香，总觉着很知足。我现在已经是向九十岁奔的人了，仍十分能吃，八分能睡。耳不聋，眼不花。这都是坚持锻炼的结果。

我的这些老哥儿们与我在一起生活已三十多年了，十分了解我。他们说：这"六个不敢"，完全符合你的情况，没有吹牛。

我说：在别人面前吹，也不敢在你们面前吹呀！因为你们对我太了解了。

至于我的这"六个不敢"，对年轻朋友们是否善言，有否帮助？我就不敢吹了。

可怜天下父母心

　　我们这些老年人在一起,摆龙门阵并没有固定的主题,遇到什么聊什么,哪一位的一句话引出一个话题,大家就跟着侃什么。今天老谷说:我家的保姆家里不愁吃不愁喝,住上了小楼,比咱们住的条件好多了,房前房后种着无污染的菜,小日子过得真不赖。唯一缺的就是钱。为了供孩子上大学,背井离乡,出来当保姆,她心里想的,全是孩子成才,从而改变家庭的处境。老张说:可怜天下父母心呀!

　　老王听到老张说"可怜天下父母心"这句话,觉得施展他特长的机会到了。于是他问大家:你们谁知道"可怜天下父母心"这句话,最早出自谁的口?谁若猜对了,我请你们喝酒。

　　老伙计们大眼瞪小眼,有的猜这个,有的猜那个。老王说:你们猜得都不对。我告诉你们吧,这句话最早出自慈禧太后的口。

　　老谷用怀疑的口气说:老佛爷还能说出这样高级的话?

　　老王说:慈禧太后她老妈七十大寿时,她"公务繁忙",生怕朝廷有变,不敢回老家为母亲做寿,于是就为她老娘写了一首诗:

　　　　世间爹妈情最真,
　　　　泪血溶入儿女身。

殚竭心力终为子，

可怜天下父母心。

慈禧太后把她的这首诗写成书法，裱糊好，又备了许多礼物，派一位大臣给她母亲送去。从此"可怜天下父母心"这句话就传开了。

"杠精"老赵说：我就不信这是慈禧太后写的，她不学无术，就会钩心斗角，搞阴谋诡计。说不定是哪位秀才帮她写的，她只是抄了一下而已！

大家说：老赵呀，老赵，你怎么总是唱反调？！

郑洪升《爹妈宣言》

平常只静静地聆听，很少说话的老罗今天开腔了。他说：我家的"小棉袄"在中学当语文老师，她是你老郑的铁杆粉丝。她不仅自己看，还介绍给她的学生看，有时在课堂上念你的某篇文章，她说对学生们写作文很有帮助。由于你的存在，我的地位受到了严重威胁。我闺女经常在家里说：爸，你就会一个劲地抽烟，你也不向我郑叔学学写文章，也开个微博，建个自媒体。我说：你郑叔过去长期在大机关工作，搞了一辈子文字，我搞了一辈子后勤，写东西这玩意儿，你以为说学就能学会吗？何况我已到了这把年纪。她昨天晚上吃饭时跟我说：前些日子郑叔写过一篇《爹妈宣言》，特别棒，我准备向学生推荐，但是我说什么也找不到了，你能否请我郑叔再发一遍。

我说：老罗，你家的"小棉袄"那可真是个好丫头，每次见到我，她都面带笑容，先打招呼，夸我红光满面、腰杆笔直、一头银发、白得有派。还说，她班的学生有一多半是我的粉丝，都是她发展的……人都爱听好话，听了来自晚辈的这些赞扬，我从头到脚都感到舒坦。像这些表扬的话，我女儿从来不跟我说，她反而老劝我少喝酒，多散步，不要整天就知道坐在那里写、写、写，有时还拿一些例子吓唬我。

老赵搭腔了:老郑,人家都说老婆是别人的好,儿女是自家的好。你怎么夸上别人家的孩子了?

我说:赵兄,我今天不跟你抬杠。你已经成精了,谁也抬不过你。时间关系,我现在就满足老罗的要求,把我在阅读了《郑渊洁演讲集(中英文版)》一书后,提到这本书上的《爹妈宣言》抄录如下:

> 人最宝贵的是自己的生命。比自己生命还要宝贵的是自己生出的亲骨肉儿女。因为自己的生命只有一次,而儿女却肩负着延续生命的重任。当你回首与儿女相处的日日夜夜时,你不会因为打骂过他们而悔恨,也不会因为自己言行的不当、没有为儿女做出好的榜样而愧疚。在孩子眼里你就是他们最好的偶像;在爹妈的心目中,你生出了值得自己崇拜的人。这样,当儿女做出成绩的时候,父母会为这些成就而无比自豪;当儿女走向领奖台的时候,他们首先想到的是自己的生身父母。让我们两代人,互不愧疚,互不悔恨,相亲相爱,直到永远。(写于 2018 年 1 月 19 日,北京)

对于我写的这个《爹妈宣言》,连老赵都赞不绝口。

儿孙的幸福

老赵说：郑兄，你真不够意思，两天了，你干什么去了，也不打个招呼，就让我们干等。

我说：真对不起，我忙我外孙子的婚礼去了，因为走得急，没来得及打招呼。我不在，你们照样神侃嘛。

老王说：不知为什么，离了你，好像这个老年群体没了魂，聊着一点儿意思也没有。你在外孙子的婚礼上作为主婚人又讲话了吧，讲了些什么，能向大家透露一下吗？

我说：本来我这么大岁数了，不应在公众场合再讲什么了，主持人非请我上台当主婚人，我即席讲了这么些话。我说：今天，是何家和杨家办大喜事，我们郑家却来了不少人，为什么？因为今天的新郎官何小雨是我们的外孙，新娘子杨小雪是我们全家都喜欢的好姑娘，他们俩的婚礼，我和他们姥姥、大舅郑渊洁、二舅郑毅洁、大表哥郑大旗、二表哥郑亚旗，等等，能不来嘛！咱们中国有句老话，"外孙走狗，吃了就走"。过去，我一直纳闷，我这个外孙怎么吃了就不走？后来我请香港一位高人给算了一卦。人家说，你这个外孙不是狗，是个小猪，他吃了上顿等下顿，永远不会走。我想既然不走，我和他姥姥就带着他和我的孙子一起去吃吧。从北戴河、南戴河、葫芦岛、唐山、大连一路走下来，每到一处，接站的人来，我外孙

19

小雨总问:"叔叔,你们这里有烧烤吗?"后来北京开始有了自助餐,每次只要交五元人民币,敞开吃。我的外孙小雨与他的一伙同样是"半大小子吃死老子"的小朋友,这下"英雄有了用武之地",进去海吃,吃得老板都快给他们下跪了,直说,求求哥儿们少来几次吧!我在如此隆重的婚礼上说这个,不是当着他的老丈人丈母娘说我外孙是个吃货,而是说,能吃就是健康,能吃就能干,能吃就有饭局,能吃就有人缘,从某种程度上说,人缘也是一种生产力。

老姜说:普普通通的话,怎么从你老郑嘴里一出来,就显得不一样。你还讲了些啥?

我又说:我有三个孙子。两个内孙,一个外孙。不管内外孙子一视同仁,一碗水绝对端平。我们是工薪阶层,老伴儿一辈子艰苦朴素,勤劳持家,积攒了几个钱。三个孙子要结婚了,每人给了十万元。外孙的婚礼晚办了六年,考虑到物价上涨因素,又多给了外孙八万元。外孙出生时守在产房外边的就一个人,这个人就是他姥姥。那天晚上下着小雨,因此,是姥姥给他起乳名叫小雨,大名叫何岸。

老张说:六年前你老两口就拿出三十万,后又加了八万,给孙子、外孙办喜事,这个不简单!

我说:我最后说,小雨和小雪结婚真是天生的一对。春夏秋季有小雨,冬季有小雪,又不是暴风骤雨和暴风雪,这意味着风调雨顺,五谷丰登。姥姥和姥爷,在这大喜的日子里,希望你们好好过日子,好好工作,好好学习,好好挣钱,好好生孩子!

老申说:郑兄讲得真好。怎么只有你与新郎新娘的合影,没你老伴儿?我说:有,她不让我发有她的照片,我也没办法,尊重老伴儿的意见。

鳏夫

都说人生有三大不幸：少年丧父，中年丧夫，老年丧子。其实，老年丧妻也挺不幸。孤雁的叫声太凄惨了！

自从老张七十一岁时老伴儿患肺癌去世后，他这个孤老头既可怜又吃香。可怜的是屋子里缺了个唠叨的人，一点儿生气也没有了，整天死气沉沉；吃香的是向他提亲的人排上了长队，还有很年轻的大姑娘主动找上门来，发誓愿意为老首长"做奉献"。老张听说许多失掉"原装"的，再弄个"组装"的，好结果的不多，结了离，离了结，实在折腾不起。于是他老伴儿走了有好多年了，他仍单着。

一天，老王说：我看到有许多不办结婚手续，在一起打伙计的也不错。老张，要不，你也来个打伙计的？老张却说：那样做，名不正，言不顺，也不合法，让别人戳脊梁骨，我拉不下这个脸来。

"杠精"老赵插上来说：都什么年代了，过去是既要当婊子，又想立牌坊，现在不讲那一套了。你看现在的年轻人，换了一个又一个，许他们年轻人有换来换去的自由，就不许咱们老头儿有搭伙过日子的自由？

老王说：老赵，你把"既要当婊子，又想立牌坊"这句话，用到这里不太恰当吧？

老赵说:你挑什么刺儿,怎么不恰当?

我看着要伤和气了,赶快和稀泥:咱们也别说什么当婊子,更扯不上立牌坊,就事论事,大家赞成不赞成老张也搭个伙?大家都说赞成,高兴而散。

老七

今晨几位老头一起散步时，"杠精"老赵没来。老王说：老赵怎么没来，他不来不热闹。

说曹操，曹操到。我看到赵"杠精"来了，沉默是金，我一句话也不说。老赵发现我对他不感冒，便主动向我"进攻"了：老郑，我打心眼儿里佩服你，不论从哪个方面比，我都甘拜下风。但是，你也没什么了不起，你不就是个"老七"嘛！对他的话，大家都感到莫名其妙，什么"老七"？老张说：老赵你把话说明白，你这"老七"的葫芦里装的什么药？老赵神气地说：在江湖上混，连"老七"是什么意思都不知道？大家正琢磨时，老赵说：你们数一数，赵钱孙李周吴郑王，姓郑的摆第几，难道不是老七？我说：醉翁之意不在酒，你老赵无非是说，你姓赵的在百家姓里始终是老大。

老赵笑了，他确实在提醒大家，不要嫌弃他，他始终要坐头把交椅。老赵说：你老郑离我还差着好几个姓呢！你看，前三位里都没有你们郑姓。

喝酒

闲聊时,老王问我:老郑你为什么那么喜欢喝点儿革命小酒?我这一辈子看到别人喝酒就特羡慕,但就是不会喝。沾一点儿酒,就脸红脖子粗,当一回男人,连酒都不会喝,太冤。我说:王兄,我之所以爱喝酒,是因为我属猴,再加上我的老祖是从山东迁徙到山西去的。老王纳闷了:喝酒与这有什么关系?

我说:老王别看你消息灵通,知识渊博,但你是酒盲,今天我给你们扫扫盲。为什么说属猴的人爱喝酒?因为洪荒时期,猿猴们把采集来的野果放在岩洞里,吃不了的果子腐烂了。这些野果通过大自然发酵,就变成了酒,味道香醇,喝了提神、壮胆。所以在我国的历史文献中,有"猿猴善采百花酿酒"的记载。你们看孙悟空就爱偷喝玉皇大帝的酒,我们属猴的男人也许有猿猴的遗传基因,一般也爱喝酒。为什么说山东人爱喝酒呢?山东人生性豪放,类似武松那样十八碗酒不过岗的英雄特别多。你看梁山的一百零八位英雄好汉,都是大口吃肉,大碗喝酒。苏东坡那首"明月几时有?把酒问青天"就是他在山东诸城当官时一边喝酒,一边吃肘子时写的。有个笑话说,山东人生孩子难产时,只要在产妇跟前放上一碗烧酒,孩子就出来了;山西人生孩子放酒不灵,放碗醋,孩子连蹦带跳就出来了。我讲时,我看这几位老伙计都听傻了。

老张说:老郑你喝过存了多少年的酒?我说:我喝过酒瓶上标着五十年陈酿的酒。但是我不太信,因为无法证明,人家标多少年就是多少年。老王说:昨天我看到一个消息说,从西安秦墓出土的陪葬物中发现了距今两千年前的美酒。这大概是全世界历史上现存时间最长的美酒了吧?"杠精"老赵说:现在弄虚作假的特别多,为了博眼球,尿泡尿也敢说是老陈酒。装酒那个瓶子我也看到了,我看不像酒,颜色发黄,像尿!我说:咱们在这方面真的没有发言权,让考古专家们凭良心去鉴定吧!

第二章　社会大事

专家

在我们一帮糟老头子中,有位老王,他爱看各种小报,时不时地还上微博和微信,不过只看不写。他是位消息灵通的人士,他经常说的一句话是:"这世道真让人没法活了!"有一次,我们逗他:老王,这么好的世道,打着灯笼都难找,怎么你老先生就说没法活了?

老王慢条斯理地说:最近英国权威专家说,吃早餐危害健康,这不是胡说八道吗?前些日子针对许多年轻人不吃早饭的现象,专家们一个劲儿地宣传,不吃早餐危害健康。我国千百年来就流传一句话:早上吃好,中午吃饱,晚上吃少。怎么这些专家,还是外国的权威专家,竟说吃早饭危害健康呢?之前说吃盐多容易患高血压。前些天美国的权威专家给盐平反了,说吃盐无害。有人说,喝酒不利健康,再再前些天专家们又说,经常喝白酒可以防癌。再再再再前些天,又有专家说,吸烟不是致癌的罪魁祸首,得不得癌主要看精神是否愉快。专家先是提倡吃瘦肉,后来又说肥肉是"长寿肉"……总是从一个极端走向另一个极端,还让人活不让人活?

"杠精"老赵对老王说:这不怨人家专家,怨你自己。你首先要弄清楚专家吃的是什么饭。确切地说,专家们才是世界上顶尖的"杠精",是用理论武装到牙齿的"头号杠精"。他们的职业决定了他们必须抬杠,他要不是"你说东我偏说西",靠什么写文章,靠什么吃饭?他们吃的就是"杠精"饭。他们的话,你听听就行,若一切的一切都跟着专家走,那你真的没法活了!

我看火候到了,便说:什么事情都有因果关系,要弄清果,必须找准因。癌症之所以被视为不治之症,是因为还没找出产生它的真正原因,于是专家们一会儿说是这个,一会儿又说是那个,这中间确实制造了不少"冤假错案"。在专家们面前,我一向持这种态度:各路专家的话不能不听,但也不能全听。你有你的千条计,我有我的老主意。怎么活,说一千道一万,还得靠自己,绝不能被别人牵着鼻子走。

最后,大家都不吭声了。不吭声了,就是默认了,我来个一锤定音!

健康

中午喝了二两小酒,下楼转了几圈,践行"饭后百步走,能活九十九"的格言。"杠精"老赵见我转,他也紧跟不舍,来凑热闹。

老赵说:你家老大有句话我挺赞同。我说:老赵呀老赵,我家老大写了两千万字,说了那么多话,你就只赞同一句?老赵说:都说我是"杠精",怎么你老郑也成"杠精"了?我说:这就叫近墨者黑。那么,言归正传,你赞同我儿子说的哪句话?老赵说:身体的健康要由个人说了算。自己的身体,千万不能全交给医生。只要让医生一看,你浑身上下全是病。住院治疗,往往没病找病,或好了一种病,又添了另一种病。一定不要随随便便就住医院,更不能以住进高级医院为光荣。

我说:要按你老赵的论点,建那么多高级医院干什么?老赵说:怎么你也杠起来了。我的意思是轻易不要住院,能在社区门诊解决的事,就不要去医院。能在小医院解决的,就不要去大医院。我说:要这么说我同意你的观点。"杠精"有时也能杠出真理来。

糖衣炮弹

最近"杠精"老赵的心情特好,情绪特高。可人就怕戴高帽,自从他把人类社会形容成一盘围棋,把围与反围说是一种规律之后,大家都说老赵的这个提法简明扼要、形象生动,使人豁然开朗。这老兄一受鼓励,今天又放了一"炮"。

老赵说:我又悟出了一个带有规律性的东西,这就是:中国共产党人怕软不怕硬,怕捧不怕围,怕奢不怕穷。正如毛泽东主席说的那样:事实证明敌人的武力不能征服我们,有些同志不曾被带枪的敌人征服,他们在敌人面前不愧英雄的称号,但是他们经不起人们糖衣炮弹的攻击,他们在糖衣炮弹面前会打败仗。

老王说:我完全赞同赵兄的这个观点。仅十八大以来,已有一百五十六名省部级以上的官员被查被判刑,在部队就有六名上将、七名中将、四十七名少将先后倒下,这些人都是被糖衣炮弹击倒的。

选择与尊严

老康说：咱们的龙门阵，每天谈了天又谈地，谈了国内又谈国际，今天咱们谈谈自己好不好？

老赵说：谈自己什么？都八九十岁的人了，用当下时髦的话说，要颜值没颜值，要鲜肉没鲜肉。谈老伴儿唠叨，谈女儿已三十多岁了不结婚，还是谈孙子不好好念书？

老康说：谁谈这些。我看到一个大新闻：澳大利亚有一位名叫古道尔的科学家，今年虽一百零四岁了，但并未患绝症，脑子清楚，生活基本可以自理，子孙们都很孝顺。但是他认为自己的生活质量在下降，活着已经没什么意义。他说："我认为，像我这样的老人应该拥有选择自愿安乐死的权利。"他说服了家人，并得到家人的支持。因为瑞士的法律允许安乐死，最近，他在家人的陪同下，乘飞机到达瑞士，于本月十日伴随着贝多芬第九交响曲，实行了安乐死，从而平平静静、安安稳稳、一点儿都不痛苦地结束了一百零四岁的生命。这位老人的安乐死，在全世界都引起了敬佩与轰动。咱们这些人也都是往死亡线上走的人了，也应该对用什么方式向世界告别，有所打算。

老赵说：吃了根灯草，说得轻巧。你认为古道尔老人的安乐死你能照搬照套？你去瑞士实行安乐死，人家随随便便就收你，那得交一笔钱,还要请律师,律师还要分你一部分财产。你去了瑞士,医生只给你提供一些条件,致命的药或针,要自己吃和打,医生如果直接叫你吃下或注射致命的药,也要负刑事责任的。我不是抬杠,告诉你们吧,人活着不容易,死也不容易!

老张说:我看到咱们有些老伙计,在医院躺了好多年了,上下能插的管子全插满了,实在痛苦,你说怎么办?

老赵说:咱们过去的罗瑞卿总参谋长有个女儿叫罗点点,我注意到了,这些年她一直主张与宣传"选择与尊严"活动。生命如何结束,应由自己选择。在生命本应逝去时,不要因为过分抢救给患者带来极大痛苦,从而使患者丧失最后的尊严。我很赞成罗点点根据我国国情倡导的这个活动。瑞士咱真的去不了,但总可以在自己还健康时,给组织与自己的孩子立个遗嘱吧,将来那一天到来时,就按"选择与尊严"的精神办。我告诉你们吧,我已立了这样的遗嘱,时刻准备着!

空中英雄

我们永远要记住 2018 年 5 月 14 日这一天,在我国航空史上发生了一起史诗级的客机迫降事件,从而震撼了世界,三位飞行员被外媒称为英雄。

老张耳朵有点儿背,忙问发生了什么事情?

我说:5 月 14 日四川航空公司的一架客机由重庆飞往拉萨,在四川空域内的飞行途中,驾驶舱右侧的玻璃突然破裂,驾驶舱瞬间失压,气温降到零下四十摄氏度,机组副驾驶徐瑞辰的半个身子都被"吸"了出去,大量机载自动设备失灵。在这千钧一发之际,他们从万米以上的高空,把飞机成功迫降到成都双流机场,挽救了一百一十九位乘客和九名机组人员的生命。

老康说:厉害呀,我的川航!老郑,你善于分析,依你看这个奇迹是怎么创造的?

我说:在这方面咱不是专家,情况掌握的也不多,按说没有发言权。但是,透过现象看本质,从哲学的角度看,这个奇迹的创造,这些英雄的出现,我认为是由于三个方面的原因:一是在突发事件从天而降之时,他们表现出异乎寻常的沉着。凡突发事件都带有极大的偶然性,虽然偶然性后边隐藏着必然性,但偶然性毕竟不是必然性。在驾驶舱玻璃突然破碎的万分紧急的情况下,如果说他们驾驶员一点儿也不惊慌,那是无人相信的,可贵之处在于他们惊慌而未失措,他们用沉着战胜了惊慌,如果他们惊慌失措了,一切的结果可能就会另写。二是在多数自动仪器失灵的情况下,他们表现出了艺高人胆大。机长刘传健不愧为称职的一机之长,他依靠自己二十多年的飞行经验,靠手动操作,把飞机从万米之上成功地降落在成都双流机场。三是他们把人的生命始终放在第一位。只要机上一百多人的生命安全,就一好百好,如果人的生命出了问题,既谈不上奇迹,英雄称号也无从谈起。

老王说:据介绍类似的事件于1990年6月10日在英国也发生过一次,当时一架客机的玻璃也突然破碎,由于副驾驶沉着冷静地处理,挽救了八十七条生命,从而赢得英国民航的最高奖。

老赵说:我觉着郑兄分析的这三条靠谱。

人民是一切的基础

　　这些天，人家美国总统就选在大家的注意力不集中的时候，而且是在七七卢沟桥事变的前一天，向中国打响了贸易战。又选在七月七日这一天，派两艘军舰通过台湾海峡。世界上的一切事物都不是孤立的，把这些事件联系在一起看，就能得出一个结论：所有这些事件都是经过精心策划的。我们绝不可掉以轻心！

　　老赵说：现在对咱们来说，并不是打贸易战，天要下雨，娘要嫁人，人家非要打，咱无可奈何。我认为，现在摆在大多数国人面前的是：不知道什么是贸易战，它的严重性是什么，我们每个人从精神和物质上要做什么准备。前一段时间总宣传打贸易战对谁都没好处，没有赢家，必然是两败俱伤。贸易战已经打响了，"金政委"又说，在中美贸易战中，我国有五大优势。万喆女士也说，可以从三个方面拆招，并坦诚地说："美国会很痛，中国也会很痛。"但是，至今就没有一个人能用老百姓听得懂的语言，通俗地告诉大家究竟什么是贸易战？既然没有赢家，美国为什么铁了心非要打？美国很痛，它痛在什么地方？我们既然有五大优势，为什么也很痛？所有这些，都没人用老百姓能听得懂的话，给大家说个明明白白。

　　老王说：我非常同意郑兄说的，贸易战虽然是不流血的战争，但它是吸血的战争，它究竟会给我们带来什么后果？例如，我国的发展速度会否降低？有些工厂会否倒闭？部分工人会否失业？物价会否上涨，人民生活会否受到影响？社会不安定因素会否增加？所有这些都急需有人给大家说个清楚。

老申说：我们的"传家宝"是人民战争。在这场史无先例的贸易战中，我们取胜的根本条件，归根结底还是动员全体人民参加到这场贸易战之中，为取得这场贸易战的胜利，甚至不惜牺牲某些个人利益。人民是胜利之本。希望各路专家能说些让普通老百姓都能听懂的话。用许多云山雾罩的专业名词，武装不了人民的头脑。人民若不能自觉地参加进来，要打胜这场贸易战几乎是不可能的。我们力量的源泉是人民。人民以积极的姿态参加到这场贸易战之中，是我们的胜利之本。

"汉奸"

老康说：近日我孙女让我看了一位名人写的一篇文章，我记不住作者的姓名了，但文章的题目我还没忘：《四路汉奸正在破坏中国的稳定》。这四路汉奸是：文化汉奸、经济汉奸、政治汉奸、军事汉奸。并且指出这四路汉奸的恶行，我记得的有，文化汉奸吹捧丰乳肥臀、三妻四妾、吃喝嫖赌、豪门浮华、杀人游戏等；经济汉奸鼓吹市场、鼓吹资本、鼓吹剥削、鼓吹泡沫、鼓吹美元、鼓吹汇率、鼓吹涨价、鼓吹印钞、鼓吹去除审批、鼓吹不予管理、鼓吹同等待遇、鼓吹对外投资等；政治汉奸挑拨离间，散布谣言，通过动乱以达到取消中国共产党领导，把中国变成美国金融大鳄的殖民地……我完全赞成这篇文章的内容，我最痛恨汉奸。

爱抬杠的老赵说：如果把这些现象都说成是汉奸，那汉奸就太多了。例如，鼓吹丰乳肥臀，鼓吹吃喝嫖赌，鼓吹汇率，鼓吹去除审批，鼓吹对外投资，鼓吹同等待遇，以及散布谣言，把这些都当成汉奸，这些标准，值得慎重考虑。我怎么觉着，这些不能都说成是汉奸？汉奸是敌我矛盾，若把这些当汉奸而论，是否打击面太宽了？我的这个看法，不一定对，也可能我这个人政治上不敏感，觉悟不高，思想跟不上趟。

老王说：关键是如果有人问咱们，鬼子还没进村，国家是在我们领导之下,爱国主义天天讲,怎么出了这么多汉奸?这个问题怎么回答。什么都有因果关系。汉奸是果,那么产生他的因是什么?

老姜说:产生汉奸的原因固然有许多,但在我看来是上梁不正下梁歪。汉奸头子都出在上边。抗日战争时期为什么出了许多汉奸?因为国民党的大头子汪精卫首先当了汉奸,建立了伪政权。清朝的末代皇帝也当了汉奸。我手头有个资料,据官方2016年不完全的统计,全国裸官居然有一百一十八万之众,他们把妻子儿女全部移民到外国,自己一人在国内当着咱们共产党的官,仍理直气壮地对他管辖的地区、部门进行着爱国主义教育,而他们的家人在美国庄严宣誓:"我完全放弃我对以前所属任何亲王、君主、国家或主权之公民资格及忠诚,我将支持及护卫美利坚合众国宪法和法律,对抗国内和国外所有的敌人。我将真诚地效忠美国。"他们的家人都成美国人了,一旦有事,他们便溜之大吉。另外,还有外逃的大贪官约四百余人,每人携走上亿元人民币。我认为这就是汉奸多的一个重要原因。

"啃老族"

老赵说：我记得六年前郑兄对"啃老族"有个看法，因为我家里有"啃老"的，所以我特别注意，看过后非常开心。你当时是怎么说的？

我说：我家里现在虽没有"啃老族"，但我对这一社会现象，有自己客观明确的态度。当时我是这么写的："现在社会上流传着一个词：'啃老族'。对此，我的看法与众不同。谁没啃过老，谁没当过'啃老族'？既然把孩子生下来，就是被小的啃的，你的儿女不啃你啃谁？我这个人以能被儿女啃倍感自豪和光荣，它至少说明，我身上还有肉和骨头，还有让儿女啃的资本。但是，我也不傻，我今天被你啃，是为了将来我啃你。你啃我的是老骨头老肉，我将来啃你的可是嫩骨头嫩肉，比我的香多了。"这就是六年前我写的一段话，空口无凭，立字为证，刊登在我出版的《老爷子大观园》一书中。

老王说：不得不佩服老郑的胸怀和预见。我从《燕赵晚报》上看到"啃老"已成为一种全球现象。例如在日本有一个庞大的"啃老"群体，据日本政府于今年六月公布的数字，不工作，不上学，也不参加任何培训，就在家里啃老子的有一百一十六万人，约占日本劳动年龄人口总数的 2%。其中，四十岁至五十四岁年龄段的占四十五万人，三十五岁至五十四岁和父母住在一起的有四百万人。对于"啃老"问题，日本社会还没找到对策。"归巢"现象在美国也挺突出，据统计，2016 年美国二十五岁至二十九岁的人与父母或祖父母住在一起的，占到 33%。在德国"啃老族"有另外一个更好听的名字，叫"妈妈酒店"。据德国政府统计，2016 年约有 60% 年龄介于十八岁至二十四岁的年轻人不离家，二十五岁的人群中仍然有三分之一的人待在"妈妈酒店"中白吃白喝、又吃又喝。不光是德国，这几乎是全欧洲的一个较普遍的现象了。

我说：赵兄，既然"啃老族"已成国际现象，看来一时半会儿难以消除，并且还有向前发展的趋势。你老兄就老老实实、服服帖帖被啃吧，什么时候被儿女们啃干了，你再反过来啃他们。老赵说，就怕我老得没了牙，啃不动了。

被啃活该！

被啃光荣！

被啃万岁！

第三章　世界杂谈

"忙"人

昨天北京的天空出现了一阵太阳。老年人纷纷从"窝"里出来晒太阳。不是干晒,边晒边聊。

"杠精"老赵先开口了,现在世界上的大人物和小人物都在忙。大人物忙权,小人物忙利。再有五天普京就要第四次担任俄罗斯总统了。我真佩服他聪明的脑袋。俄罗斯宪法规定,总统只能连任两届,但它并没规定当过的不能再当。人家普京当了两届总统后改任总理,当了一届总理后,再回来当总统,名正言顺,顺理成章。这不,3月18号大选,他在俄罗斯国内支持率非常高,竞选对手虽有七八个,但个个"马尾提豆腐,都提不起来"。没遇上一个像样的对手,看来板上钉钉,他又要第四次当总统了,再继续干六年。再看,人家美国总统特朗普,刚当上总统一年,就尝到甜头,吃着碗里的,看着锅里的,迫不及待地宣布:他还要当下届总统,连竞选班子都搭起来了,竞选口号也提出来了。小人物们也在忙,忙着挣钱,养家糊口;忙着上学,弄个文凭;忙着结婚,生儿育女;忙着蹦跳,锻炼身体;忙着玩手机,寻找乐趣。

老王看"杠精"老赵滔滔不绝,没完没了,有点儿不耐烦了,撑上一句,人家忙活,关你什么事!

纪念霍金

老太太们爱唠叨,老头们则一有空就往外跑,避其锋芒,自寻快乐。

老王问:老郑,大科学家霍金于 3 月 14 日在剑桥大学的家中去世了,他的书你看过没有?我说:十几年前我家老大推荐我看霍金写的《时间简史》,我硬着头皮看了多次,怎么也看不进去,至今还在书架上躺着。老李说:《资本论》你都看过,《时间简史》你怎么看不进去?我说:《资本论》是写给人看的,《时间简史》似乎是写给"神"看的。世界上有许多人说,看了三页后就看不下去了。"杠精"老赵说:我怎么没听说过这个人,你能否给我们说几句,让我们对这位大科学家有所了解。我说,我只说这么几句话:

第一句,霍金是英国伟大的物理学家,以研究宇宙学等为主。

第二句,他二十一岁时患了运动神经细胞病。医生说只能活两年,而他顽强地与疾病斗争,坐在轮椅上著书立说,竟活到七十六岁。

第三句,他认为宇宙的边界就是没有边界,大爆炸前宇宙什么也没有。他预言人类在 2600 年后会消失。

第四句,他认为人最可贵的是保持互相交流与好奇心,人与人之间的交流是一切的起点。

第五句,霍金曾先后三次来我国访问、演讲,对我国十分友好。他到北京后提出宁可死在中国也要登上长城。最后人们把他的轮椅抬上了长城,使他非常高兴。

"杠精"老赵说:老郑我真服你了!

来头

在聊天时,老王说:不知为什么,现在提到某人某事时,都爱说有什么来头,好像有来头就需要刮目相看了,没来头便引不起人们的重视。不仅中国,似乎外国也爱讲来头。前几天,我在网上看到,正在争取再次连任俄罗斯总统的普京,自报家门,说他的爷爷大有来头,曾先后担任过列宁与斯大林的厨师。这个事情过去我从未听说过。若是真的,那普京这个来头确实不小。

"杠精"老赵说:老王,你提供的这个信息太重要了,我一直欣赏普京,不仅欣赏他的智慧,还喜爱他那一身肌肉。过去我一直纳闷,他的身体怎么就那么棒呢?现在有了答案,原来他爷爷是列宁和斯大林的厨师,吃的肯定也差不了,营养充足,身体一定棒,这可能决定了普京的遗传基因好。

我说:老赵今天不仅没抬杠,还顺着说,难道太阳要从西边出来了吗?

解职

老年人在一起摆龙门阵很随意，没有固定的题目，更没有写好的发言稿。碰到什么聊什么，想说几句说几句。光听不说，扮演沉默的保持者的，也大有人在。

因为老王爱看小报和上网，所以许多话题是他挑起的。昨天北京好不容易下了今冬的处女雪，大家在房檐下一边观雪景一边侃大山。老王说：美国这个国家很怪，他们号称是世界上最民主的国家，但是他们通过民主的手段却选出了一个最独断专行的总统。在美国，国务卿那是第三把手呀，实际上他比第二把手副总统的权力还大。但是现任国务卿蒂勒森，被总统特朗普发了一条推特就解除职务了，此举震惊了世界。

老张说：据说解职的理由也很可笑。一是在外交路线上两人有些分歧，二是蒂勒森对总统老让自己女儿抢外交的戏看不惯，三是在五角大楼的一次小型会议上蒂勒森说特朗普是"白痴"，四是蒂勒森和总统在一起时，总爱翻白眼，使特朗普很不舒服。

"杠精"老赵说：我赞成，顺我者昌逆我者亡。如果说我是"白痴"，还总翻白眼儿。我要是特朗普的话，也把他炒了鱿鱼。

大家说：可惜你不是。若是，你早把我们这些老家伙炒到阎王爷那儿去了！

大选

消息灵通的老王发布最新消息了:昨天(编者注:无特殊标注,所涉及时间为 2018 年)俄罗斯总统大选,普京以 73.9% 的支持率获胜。这次他要任职到 2024 年了,他现年六十七岁,届时才七十三岁,凭他那一身肌肉,下来再当一届总理,再当总统,也就是里根的岁数。

老张说:政治家就是政治家,一般人玩不过人家。我感到奇怪的是普京在国外越臭,在国内越香。我看到一段话:"普京被西方憎恨的程度和他在国内受到爱戴的程度一样高",而且这两种极端观点通常会联系在一起。他越是被西方指责为一切邪恶之源,他越是会在国内得到更多支持。

不爱说话的老姜说:我最爱看安倍一溜儿小跑去接受普京接见的那个镜头。"杠精"老赵说:不知道为什么我也挺喜欢普京,他干的一切,实际上也是俄罗斯优先,不过他比特朗普低调,他只干不说。我说:老赵真不容易,难得与大伙保持一致!

计策

　　平时不太吭声的老姜说：爱叫的狗不咬人，爱叫的鸡不下蛋。"杠精"老赵说：老姜，你这不是承认自己是咬人的狗或者是下蛋的鸡吗？老王赶快打圆场说：在这里老姜既不是骂人，也不是自骂，事实上，在生活中确实有这种现象。你看人家普京，不声不响就把克里米亚收回来了。美国情报局支持乌克兰闹颜色革命，普京趁混乱之机，收回被赫鲁晓夫划归乌克兰的克里米亚。不管西方怎样制裁，他把生米做成熟饭，谁也没辙。他这一手大得国内人民的拥护。这次大选前他还专门去了趟克里米亚，这下子能捞多少选票呀。在叙利亚，他也是默默地就把军队开进去了，插了这么一杠子，打破了西方的美梦。普京这个人挺有个性，他一会儿开飞机，一会儿驾摩托，一会儿与老虎、熊、狗在一起，一会儿冬泳，一会儿拳击。举行记者招待会，他一次召集上千名记者来，有问必答，全世界只有他一个人敢这么干。如一个记者向他提问：当坏蛋的体验什么样？普京马上回答：你去问坏蛋。这反应多么快，回答得多么机智，刁钻的记者本想套住普京。没门！

数据

　　信息一向灵通的老王说:我这里有一个宝贵的数据,不知老伙计们感兴趣吗?老赵说,那要看什么数据。离婚数据?物价上涨数据?死亡率数据?交通事故数据?恐怖袭击数据?拐卖儿童数据?对这些数据鄙人不感兴趣,只有对工资上涨数据,我比较感兴趣。老张说:你老赵钻到钱眼儿里去了,就知道钱。你都九十多岁的人了,钱再多,你能带走?还不是赤裸裸来,赤裸裸走。世界大事都不感兴趣?老姜说:什么数据快给咱们说说。老王说:普京这次当选俄罗斯总统创下新的支持率纪录:

　　2000 年,他首次当选总统,获得约 3970 万张选票,支持率为 52.9%。

　　2004 年,他第二次当选总统,获得约 4956 万张选票,支持率为 71.31%。

　　2012 年他第三次当选总统,获得约 4560 万张选票,支持率为 63.6%。

　　2018 年,他第四次当选总统,获得约 4990 万张选票,支持率为 76.51%。

　　我说:他 2008 年至 2012 年当了四年总理。回来后又竞选总统,得票率虽低了点儿,但比其他参选人还是高了许多,真是打遍俄罗斯政坛无对手啊。

老赵说:老王,我服了你,你今天提供的这个数据很宝贵,什么事情就怕联系起来看。要这么连起来看,普京在俄罗斯选民中的威望,还真是芝麻开花节节高呀。

职业病

　　这几天美国总统特朗普搅得大家很不安宁,我们交谈的内容多半围绕着"与台湾交往法案"进行。

　　老姜说:难道这个苦果我们就这么咽下去? 老王说:人家美国逾越红线了,美台官员互访那真是立竿见影、雷厉风行地开始了,咱们如果光口头抗议,人家才不怕呢! 老张说:辽宁号航母不是去台湾海峡了吗?"杠精"老赵说:不在其位,不谋其政,无官一身轻。你们说的这些,统统是中央军委考虑的问题。你们瞎操心,一点儿用处都没有,养好身体多活几年,看到台湾回归、祖国统一,比什么都强,你们都是职业病。你看许多年轻人,就知道拿个手机看,别的人家什么都不管。

贸易战

老王说:美国白宫已正式宣布,将采取措施限制中国投资,并对价值五百亿美元的中国进口商品加征关税。这意味着中美贸易大战已经打响,对于这个问题大家的思路比较乱,一时理不出个头绪。老郑,我看你老兄挺沉得住气,似乎胸有成竹,能否谈谈你的看法?

我说:这次中美贸易战,是在世界第一大经济体与第二大经济体之间进行的。这不仅关系到两国,而且会影响世界。对这个重大而复杂的问题,我提出这么几点看法:

首先,贸易战实质上是商品进入流通交换领域,必然发生的一种摩擦。商品的买卖双方总认为对方占了便宜,自己吃了亏,加上在商品交易中出现的某些欺诈行为,使商品交换增加了不信任感。因此,对贸易战不必大惊小怪。可以说,自有商品交换开始,这种摩擦就随之产生了,它几乎是不可避免的,是不以人的意志为转移的。

其次,这次中美贸易战,具有三大特点:其一,两国的贸易额巨大,每年在五千亿美元左右,我们与俄罗斯每年才八百亿美元。其二,我们现在面对的是从商多年的美国总统,他不讲任何政治策略,只知道要获取最大利润。他很善于打贸易战,他不光跟我们打,他跟谁都打,跟他的盟国也打。其三,美国一心要保持世界老大的地位,他们已把我们定为头号竞争对手,甚至认为我们是"新的帝国主义列强",是搞"经济侵略"。长此以往,它要全力遏制我国的发展,贸易战只是其手段之一,所以这次贸易战已超出经贸范畴,而带有强烈的政治色彩。

最后,树欲静而风不止,既然人家要打,我们只好迎战,怕也没用,躲也躲不过。借用过去常说的几句话:天要下雨,娘要嫁人,随他去吧。以其人之道,还治其人之身。道高一尺,魔高一丈。你手里有牌,我手里也不是空空如也,咱奉陪到底。同时,通过贸易战,也能总结经验,接受教训,提高智慧,锻炼队伍。

"杠精"老赵说:我觉着郑兄说的这几点都不错。我瞧着这个特朗普很不顺眼,鼻子不像鼻子,眼睛不像眼睛。上台后就开始折腾,折腾得四邻不安。东风吹,战鼓擂,现在世界上谁怕谁!

拳击赛

老王宣布了一个特别重大的消息：美国要上演一场重量级拳王争霸战，入场券一张要十三万美元，电视转播费一场高达二百亿美元。"杠精"老赵急着问：这是谁和谁比赛呀，难道拳王泰森与霍利菲尔德要重新复出吗？老王说：这两个拳击手比他俩精彩。老张说：你别卖关子了，快说是谁与谁较量吧？

老王不慌不忙地说：是七十五岁的前副总统拜登与七十一岁的现任总统特朗普之间的比赛。老姜说：为什么？老王说：特朗普这个人不尊重女性那是出了大名的，他的性丑闻缠身，直到现在还有几个女性在法院告他。他上台时，仅华盛顿就有五十万女性游行示威，反对他当总统。近日拜登公开宣言：如果回到高中，我会把特朗普叫到健身房后面暴打一顿。而特朗普则在自己的推特上说："疯狂的拜登试着表现得让自己是个硬汉。然而他真的很弱，身心都很弱。他根本就不了解我的厉害，我会很快把他打倒、打哭！"你们看，这两位大人物不是摆开架式要来一场拳王争霸赛嘛！老赵说：我真想去为这两个大人物的拳击比赛当裁判。老姜说：你当杠头可以，当拳击裁判真的不够资格。

老当益壮

老姜说:这次美国总统特朗普亲自披挂上阵,趁我国人民还在睡梦之中,采取夜袭的方式,打响了中美贸易大战。在此千钧一发之际,我们这些身经百战的老战士毫不含糊,在第一时间,旗帜鲜明地亮剑,表明了自己的观点,受到大家的一致好评。贸易战线上的同志们已经以密集的"炮火"进行了反击,直戳美国的痛处与薄弱环节。我估计很快会形成内外夹击之势。凡参加过战斗的人都有一个体会,精神紧张的现象往往产生在战争打响之前,一旦子弹横飞,一切紧张情绪就完全被抛在九霄云外,只顾冲锋陷阵了。

老王说:老姜说得真好,这场贸易大战,我们志在必得。让贸易战线上的年轻同志打去,我们这些年老的人一定会给他们摇旗呐喊。今天我想跟大家说一则比较轻松的新闻。前不久,我从网上看到有位名人,今年八十出头了,他和一位二十几岁的女子结了婚,还生了个胖小子。这让我想起苏东坡和他的好朋友张先的故事:张先在耄耋之年娶了个十八岁的小妾,苏东坡去他的府上祝贺。张先在兴头上作诗一首:"我年八十卿十八,卿是红颜我白发。与卿颠倒本同庚,只隔中间一花甲。"苏东坡马上提笔和诗一首:"十八新娘八十郎,苍苍白发对红妆。鸳鸯被里成双夜,一树梨花压海棠。"

"杠精"老赵说：都什么时候了，你们还"一树梨花压海棠"？压，压，压什么！

老张说：这就是沉稳！这就是藐视一切！这就是胜似闲庭散步！这就是大将风度！

醉翁之意不在酒

这些天,因俄罗斯和英国双料间谍斯克里帕利父女在英国中毒失去意识的事件,英国政府指责是俄罗斯所为,而俄方坚决否认。紧接着俄英两国相互驱逐外交官,美国与欧美二十多个国家也紧跟其后,宣布驱逐俄国外交官,美国不仅驱逐了多达六十名俄国外交官,还关闭了俄罗斯在美国的一个领事馆。俄方也不含糊,以牙还牙,驱逐了美国六十名外交官,把美方驻圣彼得堡的领事馆也给关了。英国要求西方国家跟它一致行动,但奥地利只有三十几岁的年轻帅气的总理却加以拒绝,瑞士、斯洛伐克、希腊、保加利亚、葡萄牙、比利时、塞浦路斯、马耳他等一些国家,也没理这个茬儿。新西兰总理幽默地说,我找了半天,没找出俄罗斯间谍,无法驱逐。在东方,日本与韩国都还没动静。

老姜说:郑兄,你对这个事件怎么看?

我说:这个事情就事论事说不清,我看这是醉翁之意不在酒呀!首先,英国至今没拿出俄罗斯作案的证据,只是怀疑是俄罗斯干的,俄罗斯要求一起调查,也被拒绝。其次,英国公投脱欧后,在欧洲处境十分孤立,他是想通过这件事把其他国家联合起来,以摆脱自己孤立的困境。再次,这件事发生在俄罗斯总统大选的前几天,是否意图干扰俄总统大选,进而干扰六月份在莫斯科举行的世界杯,很值得怀疑。最后,也是很重要的,它符合了美国的大战略,美国已把中俄定为战略对手,现在大打出手了,对中国大打贸易战,对俄罗斯大打间谍中毒战,弄得我们不得安生。你们看,特朗普上台后,英美矛盾不断,互不愉快,但这回美国比英国的劲儿还大。

大家说:老郑的分析有道理,全票通过,无杠可抬。

奉陪到底

我说：老王兄，我拜托你查一下美国的所谓"301调查"到底是怎么回事，你查了没有？

老王说：查了。其实就是美国于1974年通过的一个《贸易法》，其中有一项条款，授权美国总统为了保护本国的商业利益，可以采取一切措施对外国进行报复，而不必获得世贸组织的授权。这样一来，美国总统手里就有了一根打别的国家的大棒。自从有了这根棒子之后，美国有十六次打向日本，把日本整得够呛。谁让人家是超级大国呢！

老张说：老郑，这次特朗普气势汹汹地对我国发起"301调查"，要进行关税惩罚，拉开了大打贸易战的序幕，依你的分析，这场贸易大战，能否正式打响？

我说：我分析中美这次贸易大战有以下五大特点：

其一，它最大的发达国家、世界第一大经济体与最大的发展中国家、世界第二大经济体之间进行的。

其二，它是由商人出身的总统亲自挑起并披挂上阵的，一切都是赤裸裸的。

其三，它是带有浓厚的政治色彩，涉及数额特别巨大，是遏制头号竞争对手的一个重要组成部分。

其四，它是在世界经济刚有点复苏的形势之下进行的。

其五，它是对世界的辐射面特广，破坏性极强，连锁反应极大。

由于有这五大特点，因此我分析，真要开打了，双方都很慎重，因为一旦打起来后，没有赢家。如果处理得当，还是有希望通过谈判来得到解决。当然，如果美国铁了心要打，我们现在的中国，可不是战败国日本，我们会奉陪到底。

以其人之道，还治其人之身

今天各位老人都喜笑颜开，因为中国对美国 128 项进口商品宣布从 4 月 2 日起加征关税了。《华盛顿邮报》："中国是第一个对特朗普的贸易威胁敢于进行报复的国家。"

老王说：什么是贸易？贸易就是根据供求关系，互通有无，从中各有好处，这中间肯定有摩擦，有了摩擦怎么办？通过协商来解决，必要时进行一定的妥协。常言道，买卖不成仁义在。但是特朗普太霸、太狂、太独、太狠，吹胡子瞪眼，张牙舞爪，动不动就签像心电图那样的名字，对别国进行制裁，这小子一点儿面子也不讲。

"杠精"老赵说：对特朗普这种人，就是要以其人之道，还治其人之身，若对他一软，他准会得寸进尺。一定要让他知道，我们的鸟枪也换炮了，东方不亮西方亮，黑了南方有北方。全世界愿意跟咱们做买卖的有的是，难道离了张屠夫就吃长毛的猪？咱千万不要信那个邪。这回一定要给他点儿颜色看看，让特朗普知道马王爷长几只眼！

说得痛快，真痛快！

斗争与妥协

这些天，老头们到了一起，聊别的很少，大家比较集中地谈由特朗普主动挑起的、规模空前的、中美两国可能爆发的贸易大战。

我说：昨天老赵把长我国志气，灭特朗普威风的话差不多都说了，听了很解气，很过瘾，我完全同意。在涉及我国根本利益的问题上，作为中国人，我们应该立场坚定，旗帜鲜明，绝不能当尿包，更不能替人家说话。但是，高明的人，在进攻的同时，也要善于妥协。自从人类社会有了商品后，在商品交换中，从始至终伴随着摩擦，为了排除摩擦，相互妥协几乎成了一种常态。比如，咱们小的时候跟着大人去赶集，常看到有人要买一件衣服，卖的人要十五块，买的人一听扭头就走。卖的人赶快说，回来，回来，你给多少？买的人说，我给八块。卖的人说，给十块吧！成交！这就是互相妥协的结果。贸易的双方一般不愿意采取鱼死网破、同归于尽，或者鹬蚌相争，让渔人得利的办法。在我党历史上，就有过多次成功的高明的妥协。毛主席说过："在各个策略阶段上，要善于斗争，又善于妥协。"

老姜说：还是郑兄比赵兄技高一筹。我说，谈不上技高一筹，只是对老赵高见的一种补充而已！

反击

刚才老王来电话说：老郑，快开瓶茅台酒，太令人振奋了，来而不往非礼也，真没有想到针对美国对我国航天航空、信息和通信技术等加征五百亿美元关税的制裁措施，我国能及时出台反制措施，应对贸易战再升级。未来，我国将对原产于美国的大豆、汽车、化工品、飞机等加征 25% 的关税，不多不少金额也是五百亿美元。

我说：老王啊，我已喝上了，咱们前两天说过，我们是不希望中美打贸易战的，但人家特朗普执意要打，咱们只好奉陪到底。我也没预料到咱们的反制措施出手这么快，真应该为我国在贸易战线上的"指挥员"们喝酒，因为他们迅速而果断的行动，充分表达了中国人民不怕邪、不怕压、不怕逼、不怕强、不怕横的大无畏精神！

刚放下老王的电话，老赵又来了电话：老郑，我一边喝酒，一边给你打电话。这回够特朗普喝一壶的，他本想他的加征关税的清单一出，我们就会软下来，向他求饶，但他没想到我们以硬碰硬，这可真大长我国人民的志气，也为全世界树立了反霸权的榜样。我们坚决要和我国政府站在一起，一定要让特朗普知道现在的中国已经不是过去的中国了！

翻转

几位老伙计们到了一起，个个面带笑容，心情格外愉快。

有的说：特朗普上台后似乎就会签心电图式的字，一会儿签建墨西哥墙，一会儿签退出巴黎协定，一会儿签废除奥巴马的医改方案，一会儿声言要签退出伊朗核协定……他签什么，好像都没人敢吭声。接下来，他的心电图式的签名，签到中国头上来了，一个是"与台湾旅行法案"，美台官员，要实现互访了，这是公然破坏中美建交的政治基础，直戳我国的核心利益；另一个是"301调查"，直指我国2025规划，对我国进行关税制裁。如果对特朗普这种心电图式的签字，不进行有力回击，让他这么随心所欲地签下去，全世界各个国家的心脏包括美国自己的心脏，真要被他签出问题了。

有的说：特朗普做梦也没想到，他的心电图式的签名，这回在中国不灵了。这个国家善摸老虎的屁股，而中国适应能力和抗击打能力特强，反制能力极快，正如国际评论所说，中国这次"反击之快，劲道之猛，决心之大，恐怕连美国人也没想到"。

有的说：一个月前，特朗普还喜滋滋地说，打贸易战是个"好东西"，而且赢起来"很轻松"。中国出乎他预料的强力回击之后，他马上说美国并不想与中国打贸易战，这个贸易战要让以前那些愚蠢的家伙们打早输了。这个一百八十度的弯，转的也太快了。

还有的说:特朗普上台后心电图式的签名,直接关系中国的有两个问题:中国先解决贸易问题,接着再解决涉及台湾的问题,这个问题比贸易问题还大。因为台湾问题涉及我国的领土完整和国家主权,是核心中的核心。贸易问题还可商谈,台湾问题没有商谈的余地。必须把特朗普的那一个七扭八歪、曲里拐弯的心电图式的签字给他彻底地撕碎,重新回到中美三个联合公报的原则基础上来。

警惕

老王说：咱们刚刚聊了特朗普心电图式的签名，特朗普思考问题的方式与他的心电图式的签名似乎异曲同工，忽高忽低，拐弯抹角，令人难以琢磨。

老赵说：一个月前，他说打贸易战好，并且会轻松取胜。中国坚决反击后，他马上写推特说，我们不想跟中国打贸易战，因为要让那些愚蠢的人打早就输了。大概睡了一觉后，一想这样岂不太丢人了，于是又发表了个声明说："考虑到中国不公平的反击，我已指示美国贸易代表办公室考虑，在'301 条款'下追加一千亿美元关税是否适当，以及如果适当，对追加关税的商品进行确认。"

老张说：请大家认真推敲一下，他这是已经决定了追加一千亿呢？还是让贸易办公室"考虑是否适当""如果适当，再进行确认"。特朗普这位说一不二的总统，怎么忽然如此谦卑起来。难道这是他为保全面子，下台阶的一个办法？还是真要再加一千亿？他真再加一千亿，中国再回敬他一千亿，就这么一直循环下去，特朗普的心电图岂不真的乱了套？

我说：不管他怎么变，万变不离其宗，他是要扼杀我们的 2025 规划，从而阻止我国崛起，死保他老大的位置不动摇。我们必须保持清醒的头脑，提高警惕，时刻准备着。

拍马屁

真让我们这些老家伙们说着了,美国现任总统特朗普先生心电图式的签名真的签出问题来了。他早上还说"我们将与中国保持长期良好的关系",晚上又发表声明,要求美国贸易代表考虑对中国再"追加一千亿美元关税"。特朗普此话一出,引起全球媒体的一片哗然。

在此紧急时刻,白宫官员立即站出来"灭火",解释说,特朗普说的一千亿美元是指进口商品的价值而不是征税总额。那位当年与日本打贸易战的"老手"、现任特朗普贸易代表的莱特希泽也立即发表个人声明说,"追加关税没有任何一项会立即生效"。特朗普的新任首席经济顾问库德洛,则到处放风:"我认为我们与中国将达成协议",意思是不会打贸易战。

特朗普总统的心电图式的签名,难道真把美国的心脏签出了问题吗?美国有不少人怀疑特朗普总统有精神病。经过全面体检,他的保健医生向记者们宣布:总统的身体经过详细检查,各项指标非常棒,遗传基因十分强大,如果在饮食上再注意一下,能更加长寿。因为这个马屁拍得特别响,该医生坐直升机一跃而被特朗普提名为政府部长。

透过现象看本质

这次的龙门阵开门见山。几位老人见面之后，没有问吃了吗、喝了吗，老赵直抒己见：看问题要看本质，抓主要矛盾，不要被一时的表面现象所迷惑。特朗普上台后，他向国会提出的《美国安全战略报告》，已经非常明确地表明中国与俄罗斯是美国的竞争对手。要保住美国超级大国的地位，必须与中俄做斗争。人家说干就干。现在美国主要对付中国，三箭齐发：第一箭是贸易制裁。第二箭是签署"与台湾交往法案"，冲破中美建交三个联合公报原则，直戳中国的核心利益。第三箭把航母群派到中国南海进行军事威胁。与此同时，英国积极配合，以莫须有的双料间谍中毒事件，史无先例地驱逐大批俄罗斯外交人员，从而破坏和干扰俄罗斯总统大选与6月份举行的世界杯。这些都是"秃子头上的虱子明摆着"，在大事面前我们要时刻保持清醒的头脑，不能被一时的现象所迷惑。

老张说：我看经过我们针锋相对的斗争之后，即使这次中美贸易战打不起来，以谈判来解决，但在台湾问题上咱们还要看特朗普会走多远。这个问题比贸易问题不知大多少倍，而且在我国领土主权问题上，不容谈判，没有妥协余地。传说特朗普新任命的那位白胡子国家安全事务助理近日要访问台湾，他若成行，那问题就大了。

　　老张说：不管他白胡子还是黑胡子，还是没有胡子，这个斗争恐怕要斗五十年到一百年，反正咱们是看不到了，相信后生们比我们有智慧。

无所不用其极

大家聚在一起都说：现在世界上发生的事，有许多让人看不懂了，为了达到一定的目的，可以无所不用其极。

前些天，英国政府硬说俄罗斯为了消灭双料间谍父女，在英国用了化学毒气。在什么证据都拿不出来的情况下，以英美为首的各国都掀起了与俄罗斯互相驱逐外交官的大潮。而已经出院的间谍女儿给家人打电话说，我们是食物中毒，根本不是化学毒气中毒。

大概是尝到甜头，美国硬说叙利亚也使用了化学武器。证据在哪里？美国国防部长说，还未拿到。虽然没证据，总统特朗普还是下令对叙利亚进行精准打击，弹无虚发。而俄罗斯却宣布美国发射了103发导弹，有71发被成功拦截，并晒出了被拦截地点的照片。叙利亚总统照常去总统府上班，好像什么事也没发生一样。

这个世界怎么变成这个样子了？

双刃剑

老张说:以往打仗战略目标往往是不暴露的。现在各个国家的战略目标,都在那里明摆着,谁也瞒不住谁。例如,美国的战略目标是美国第一,永远当全世界老大。我们中国的战略目标是实现中华民族的伟大复兴,由站起来到富起来,再到强起来。这两个战略目标本来并不矛盾。如果把美国比作老虎,而拿破仑曾把中国比喻为沉睡的雄狮,这只狮子虽然醒了,但太平洋如此浩大,太平洋这岸与太平洋那岸,老虎与雄师,各有各的地盘,完全可以和平相处,互补双赢。

老赵说:都按你这么说就啥事也没有了。现在,人家美国智囊团偏说一山不容二虎,虽然你是狮子,那你也是森林之王。你醒了、强大了,就威胁到我老大的地位,因此我要想尽一切办法、采取一切措施,让你这只狮子强大不起来,你还去睡你的觉,最好把你弄回到刀耕火种时代。目前美国向中国挑起的这场贸易战,表面上看是钢铁、汽车、知识产权、大豆等具体商品,实质上是两个战略目标的较量。

老姜说:种种迹象表明,美国要向我国的高科技动手了。我倒是有个看法,他要真这么干,虽然暂时会给我们带来一些困难,但是这么一逼,一定会把我们逼上去。过去苏联一逼,我们一咬牙,把导弹、原子弹、人造卫星等全搞出来了。因为天无绝人之路。一个国家只要自己内部不出问题，任何国家都难以阻挡他的前进步伐。我认为不要把美国限制和制裁我们全当成坏事，说不定他这么一逼，反而把我们逼上去了。

　　大家都说老姜的这个看法有远见！

折腾

这次的龙门阵不约而同地把话题集中到美国总统特朗普正式宣布退出伊朗核协议上来。

老朱说：以往给我的印象是，美国这个国家在选举中虽然一点儿不客气，把对手揭得体无完肤、连八辈祖宗、男女关系、偷税漏税都不放过……但是一旦对手胜选，马上承认竞选败北，并向对手表示祝贺；前任总统一旦下台，后任总统对其原有的政策，以及签署的协议，都表示尊重，不再说三道四。而特朗普上台后，对以往美国的这个好传统来了个彻底的颠覆，他张口闭口都说他的前任奥巴马这也不行那也不行。奥巴马时期签署的一些重大协定，他上台伊始，就一个个推翻。在退出"巴黎协定"之后，又宣布退出伊朗核协议，法国总统和德国总理连着去劝他不要退出，人家特朗普根本不听，我行我素，照样退出。

老康说：这开了后任不认前账的先河。以后谁还敢与美国签约，签了后，它可以随时不认账。这样置美国政府的信誉于何地？

老姜说：我看特朗普"通俄门""封口门"缠身，他过几天就要闹点儿事，是不是在有意转移人们的视线？

老王说：依我看退出伊朗核协议并没有完，他下一步很可能要在联合国身上做文章。他已经退出了教科文组织，直嚷嚷美国摊的会费高,说不定哪一天他也会宣布退出联合国,至于联合国总部搬到哪个国家他才不在乎,他只认钱、航母和导弹等杀伤力强的武器。退出联合国后,我看着谁不顺眼就打谁,也不用费那个麻烦,打谁还要经过联合国授权了。

老赵说:看来任何人、任何国家都不能过高地估计自己的作用,都不可以胡作非为,离了谁、离了哪个国家,地球都照样转。我现在虽然快九十岁了,但还不至于马上就去"见马克思",我倒要看看特朗普先生还能蹦跶多少天?

我说:看问题要从正反两个方面看,我总有个感觉,特朗普的所作所为对我们来说未必是坏事。他的口号不是"美国第一""美国优先"吗,事物无不向反面转化,说不定他能把第一变成第二,把优先变成滞后。不信咱们"骑毛驴看唱本——走着瞧"。

"凌迟"

　　我们老年群里的老赵,说话一向刻薄,从来不留情面,总是直来直去。不过,大家都承认老赵在有些问题上能看到别人看不到的东西,往往入木三分。今天一上来他就说:我昨晚睡不着,翻来覆去地想,用哪两个字能比较形象而又准确地概括美国总统特朗普上台后这些心电图式的签字?我想的结果是这两个字——凌迟。

　　老张马上问:凌迟?什么凌迟?

　　老赵说:别急,容我慢慢道来。特朗普首先凌迟他的前任奥巴马的政绩。第一刀是奥巴马的跨太平洋伙伴协定,第二刀是巴黎协定,第三刀是童年抵美者暂缓遣返的计划,第四刀是取消对古巴的制裁措施,第五刀是国内医改的部分条款,第六刀是伊朗核协定。特朗普这位现任总统,就这样在前任总统身上这么一刀一刀地割肉,这不是凌迟是什么?

　　老姜说:哎呀,老赵形容的还真有道理。

　　老赵接着说:特朗普凌迟的是奥巴马,实际上也在凌迟他的盟国。因为这些多数是国际性的条约,是奥巴马政府与他的盟友及其他国家共同签订的,凌迟奥巴马,就如同凌迟美国的盟友,真是割在奥巴马身上,疼在美国盟国的心上,要不然英国、法国、德国、日本等国家领导都那么着急,纷纷劝他千万不要在这些条约上下刀子。然而，人家特朗普像刁德一一样，"这小刁一点儿面子也不讲"，该怎么割还怎么割，割得他那些盟友一个个心都凉了。

老王说：我看到外媒有一个报道，连很少说话的英国女王散步时，天空过来一架直升机，听到轰隆声，女王都说，真像特朗普。特朗普对英国的访问直到现在也未成行。一听说他要来，成千上万的群众就走上街头抗议。还有，美国共和党的一位老资格议员患了癌症，竟公开说，他死后不准特朗普向他的遗体告别，因为他不想"见"到特朗普。

老赵又说：特朗普这种心电图式的签字，不仅是凌迟奥巴马，将前任的政绩清零，也不仅是凌迟他的盟友，还是对美国政府信誉的凌迟。像这种前任签订的协议，后边上任的就推翻，后任不认前账的政府，谁还敢与之打交道。你上来可以否定前任，这个先例一开，别人上来也可以否定你，来个否定之否定，这不开了翻脸不认人、翻脸不认账的先河了嘛！把堂堂美国这个超级大国、口口声声自称是全世界的领导者的信誉，置于何地？

我说：你们说的都是现象，看人要看本质。马克思在《资本论》第一卷中引用过这么一段话，用来形容贪得无厌的资本家："如果有百分之十的利润，它就保证到处被使用。有百分之二十的利润，它就活跃起来。有百分之五十的利润，它就铤而走险。为了百分之一百的利润，它就敢践踏一切人间法律。有百分之三百的利润，它就敢犯任何罪行，甚至冒绞首的危险。"这就是对资本家准确无误的真实画像。资本家就是资本家，他凌迟别人也好，他宣布美国优先也罢，他与别国打贸易战……统统要用资本家的这个本质来解释，否则，你会感到怎么这样不近人情。在这里，利润决定一切，人情是没有的。

丢掉幻想,准备斗争

一上来老赵就说,郑兄,又该喝酒了吧!我说,中美就经贸磋商发表了联合声明,宣告不打贸易战,并停止互相加征惩罚性关税,我当然高兴。我中午要开一瓶好酒,原来每顿喝二两,今天增加一两,以示庆祝。

我说:说句公道话,从磋商的结果看,在贸易上是双赢,但在气势上,我们是胜利者。当挑战降临之际,我们没有被气势汹汹的心电图式签名吓趴下,我们没有惊慌失措,而是沉着应战,针锋相对,不惜代价,奉陪到底,迅速出牌,打其七寸,并掌握有理、有利、有节的原则,每步棋,下得都有章法,表现出高超的驾驭复杂情况的艺术。

老康说:回想起来,当初人家的来势是多么气势汹汹,提的条件是多么的苛刻,甚至下令我们不准执行"2025规划",不准发展高科技。在如此强大的压力面前,站起来、富起来的中国人民,开始表现出强起来的姿态。如果说过去我们的硬是光脚的不怕穿鞋的,现在则是穿球鞋的不怕穿皮鞋的了。现在,它告诉全世界的人们,老虎屁股是可以摸的!

老张说:有人看到中美联合声明中有这样的词句:"双方同意,将采取有效措施实质性减少美对华货物贸易逆差",就意味着我方让步了。客观地讲，我认为这不是让步，而是改变过去贸易中存在的不合理状况。据美国统计，仅 2017 年美中货物贸易逆差就高达 3752 亿美元，大约为美国对全球货物贸易逆差的一半。我们说没有那么多，但按我们自己的统计也有 2758 亿美元。这个数字也是相当高的，这是任何一个国家都无法接受的。当然，我们说了，你的逆差不是中国造成的，是因为你们的许多高端值钱的产品不卖给我们。这次经过双方对阵，最后磋商，"中美双方将在能源、农产品、医疗、高科技产品、金融等领域加强贸易合作"。请大家特别注意，这里边包括了高科技产品，这是过去从来没有的。过去，别说卖给你高科技了，连你自己的都不准发展。这是个破天荒的改变。与其说我们大力减少美方的逆差，是妥协和让步，不如说这是消除货物贸易中的不正常现象。须知凡贸易双方，自古以来就允许讨价还价，就有妥协与让步。问题是，遇到这种矛盾，我们主张要通过平等协商解决，不要以威胁为前提，我们不吃这一套。

老罗说：说一千，道一万，任何时候我们也不要忘记，人家美国的战略目标是永远保持美国在全世界的老大的霸主地位。老罗认为，现在威胁到它这个地位的对手是中国和俄罗斯。这是个基本认识、基本矛盾。由于这个基本矛盾、基本认识的存在与发展，今后的摩擦与斗争还会层出不穷。我们永远不要忘记过去的那句老话："丢掉幻想，准备斗争！"

经济基础与上层建筑

我们的龙门阵逮住什么摆什么,经常变换重点。这几天谈中美贸易摩擦比较多。老陈有点儿自夸,他说:《中美经贸磋商联合声明》发表后,我们立即做了评论,发表了自己的看法,现在看来我们几个老家伙的看法靠谱,八九不离十,比较客观,不偏激,禁得起考验。

我说:经贸问题属于经济基础范畴的问题,反映到上层建筑,它就成为政府之间的关系问题,这里边学问很多,许多问题咱们并不懂,因此,不要当单纯的评论者,说几句二话,撒几句闷气,都没用;而要成为学习者,从中学点东西,长点见识。在这次中美经贸冲突中,我有这么几点感受:

第一,经贸问题追求的是买卖公平,追求的是按价值规律办事。如同两个人在市场上进行货物交换,我卖给你值十元的东西,你也要买我值十元的东西,即使不能半斤八两,也应该差不离。中美贸易出现的矛盾是:美方从中方买了十元的东西,而中方只从美方买了六元的东西。这样,中方是顺差,美方是逆差。所以美方不干了,认为这种情况若不改变,自己太吃亏了。这就是问题的实质。如果换位思考,中方也不会干。

第二,这种不正常情况的出现,各说各的理。美方说,中方应扩大从美方进口。中方说，不是我不扩大进口，而是你卖给我好多不值钱的东西，而你的值钱的东西藏着掖着，不卖给我们。一方说，你不扩大进口，缩小我们的逆差，我就制裁你，给你的进口货物加关税。一方说，你加就加，老子不怕。你给我加，我也给你加。过去，我们是光脚的不怕穿鞋的，现在我们也有了实力，变成穿球鞋的不怕穿皮鞋的。以牙还牙，针锋相对。双方摆开阵势，撸起袖子，挽起裤子，准备大干一场，杀它个天昏地暗，日月无光。

第三，打贸易战的结果，是双方都受伤。伤了生产，伤了消费，伤了收入，伤了市场，伤了和气，伤了友谊。总而言之一句话，越打贸易战，生产越抽抽儿。如果连买卖不成仁义在，都没有了。这怎么行？两国人民的根本利益，必须放在第一位。这优先那优先，两国人民的根本利益最优先。因此，大家都消消气，喝杯茶，抽支烟，唱白脸的往后退一退，唱红脸的出来挽救局面，以免把事情做绝。在此关键时刻，互相做出必要的让步，顺坡下驴，找个台阶下。

第四，中美经贸磋商的联合声明发表后，我们几位老伙计认为这是双赢。但是，在中美双方的舆论中，都有不少人感到自己这一方吃了亏。我说，这就从反面更加证明是双赢了。如果一方高喊胜利，占了大便宜，而另一方一个劲儿地喊吃亏吃大发了，那就不正常，说明真的有问题了。须知，做买卖的人都有个特点，本来赚了，他也说亏了。听话听反话，不会当傻瓜。都说吃亏了，就是都赚了，起码都没吃大亏。

第五，我国过去是一穷二白，兜里没钱，穷得叮当响，穷怕了。改革开放后，我们的生产力得到很大解放，物质比较丰富了，有些东西本来应该自己享受，但舍不得，拿去出口换外汇。现在我们兜里也有钱了，外国的消费品也应多进口一些，自己也开开洋荤。扩大了进口后,以后不必再去外国买洋货了,在家门口,也能享受上超级大国的人才能享受上的东西了。

老王说:我完全赞同郑兄概括的这五点。我们这些人打了一辈子仗,对经贸方面的知识知之甚少,没有多少发言权。关键是好好学习。

存在感

美国总统特朗普先生前不久赤膊上阵，气势汹汹地连发两道心电图式签名的政令，吹响了进攻的号角，誓与中国打贸易战。第一道命令发出向中国征收惩罚性的关税五百亿美元。一看中国以牙还牙地向美国也发出惩罚性的关税五百亿美元；总统阁下急了，又发一道命令，再追加惩罚性关税一千亿美元。两道命令发出后，本想这两下还不把中国吓得尿了裤子。一看中国岿然不动，毫不示弱，只好派强大的贸易代表来北京谈判。贸易代表来了后漫天要价，碰了一鼻子灰，返回华盛顿。这次我国贸易代表团赴华盛顿接着谈。特朗普突然像川剧里的变脸一样，由白脸变为红脸，突如其来地拉着副总统一起会见我国代表团，把签名时的横鼻子竖眼，变成嬉皮笑脸，套够了近乎。结果双方很快达成协议，宣布不打贸易战，有话好好商量，皆大欢喜。这次贸易战把特朗普总统的个性和商人的本色，淋漓尽致地暴露在光天化日之下。

老王问：老郑，能否请你用一句话概括一下打贸易战与不打贸易战的区别？

我说：打贸易战的结果是双方减少贸易份额，提高商品关税，增加两国人民的负担，从而增加失业人口；不打贸易战是通过增加贸易份额，减少贸易中的不平衡，提高双方消费者的水平，增加就业。

老赵说：我再补充一句，打贸易战是在行使霸权，不打贸易战是通过协商消除分歧。

老姜说：不打不相识呀。特朗普当选美国总统刚一年多，我感觉他是一位很有特点的总统。从一年多来的实践看，根据我的记录，他创造了许多第一：

他是第一位一直从商，过去一直没从过政的总统。

他是第一位因"通俄门"被调查的总统。

他是第一位上台后毫不留情地否定前任总统的总统。

他是第一位不依赖媒体而靠自己的推特(twitter)向外不停地发信息的总统。

他是第一位不出席美国记者年会的总统。

他是第一位敢于骂美国主流媒体制造假新闻是无耻到极点的总统。

他是第一位敢于接二连三退出太平洋自贸协定、巴黎协定、伊朗核协定的总统。

他是第一位下令在美墨长达三千千米的边界上修墨西哥墙的总统。

他是第一位绯闻特多开始不承认有封口费后又承认有十三万美元封口费的总统。

他是第一位下令把美国驻以色列大使馆迁到有争议的耶路撒冷的总统。

他是第一位在国会演讲后敢于骂不给他的演讲鼓掌的人是卖国贼的总统。

他是第一位敢于吹自己是自林肯之后美国最好的总统。

他是第一位粗话连篇辱骂非法移民是畜生的总统。

他是第一位善用心电图式的签名发布政令弄得全世界似乎都心律不齐的美国总统……

记得有位哲人说过：最好的总统是人们感觉到他存在，但又轻易看不到他的总统。而特朗普先生当上美国总统后，一会儿发一条推特，到处乱讲，到处插手。一刻也没闲着，睁开眼总想弄出点儿事来才快活，弄得全世界鸡飞狗跳，东西南北中一刻也不得安宁。

其实，我们要感谢美国选民，选特朗普先生当总统，未必不是好事！

骑驴看唱本，走着瞧

我说：昨天晚上我睡得很晚，因为美国总统特朗普又发了一个心电图式的签名信，搅得我的心律不齐了。我仔细琢磨了他给金正恩的这封信，总的感觉是：虽然他宣布取消了原定 6 月 12 日与金正恩在新加坡的会晤，并且在信中也发出了威胁："你在谈论你的核能力，但我们的核武器是如此之多、如此之强"，但是从整个信的内容来看，他还是很想实现这个历史性会晤，创造一个奇迹，因此在信中没把口封死，留了许多活口。这位粗话连篇不给别人面子的总统，竟称呼金正恩为"敬爱的委员长"，并说对金正恩为新加坡会晤"所付出的时间、耐心，以及努力表示万分感谢"。还说"我曾觉得你我之间正在建立起一个美妙的对话，说到底，只有对话才是重要的。也许有一天，我将非常期待见到你"。紧接着说，"如果你改变想法，觉得有必要进行这场极为重要的峰会，别犹豫，给我打电话或写信吧"。把球踢给了金正恩，让金正恩给他打电话或写信。最后的落款，出乎意料的客气与尊敬："你真诚的美利坚合众国总统"，然后，来了个著名的心电图式的签名。

"杠精"老赵说：全世界都看得很清楚，这次朝鲜一直在释放善意，而那些愚蠢的美国大嘴巴，得寸进尺，步步紧逼，还提出"利比亚模式"，要朝鲜步利比亚的后尘，事情发展到今天，责任主要在美方。全世界的人都要擦亮眼睛,和这些大嘴巴打交道,要特别小心,必须多长几个心眼。

老王说:现在的世界本来就不太平,又出来这么几个搅局的人,弄得大家很不安宁,几乎东西南北中都搅乱套了。我们真的要多长心眼呀,千万不可轻信!

我说:以我的分析,金正恩与特朗普的会晤不会彻底黄了,找个借口再举行。因为他们双方太需要这次会晤了。不信骑着毛驴看唱本,咱们走着瞧。如果我的判断有误,我请各位喝酒!

举一反三

美国总统特朗普先生突然宣布取消 6 月 12 日在新加坡与朝鲜最高领导人金正恩的会晤后。我说:这个会晤绝不会取消,如果真的取消了,我心甘情愿被罚,请我的几位老哥喝酒。结果如我所料,刚刚隔了几天吧,特朗普就宣布这个峰会可能将如期举行。有些网友就夸我们这些老头"太睿智"了,并问我们是怎么分析的?

我说:看问题要看实质。实质是什么?实质就是他们双方太需要这次会晤了,全世界绝大多数国家也希望这次来之不易的会晤。我国更希望他们要珍惜半岛出现的这一来之不易的大好形势,一直在促谈,希望最终实现半岛无核化,让朝鲜人民过上美好的生活。至于会谈前双方说的那些狠话,只是一些现象,是在试探对方的诚意和讨价还价。

老王说:别看咱们老了,但有句话别忘了,老马识途。不是吹,我们走过的桥比年轻人走过的路还多,我们吃的盐比年轻人吃的米还多。

"杠精"老赵说:拉倒吧!夸你脚小,你倒"扭"(牛)起来了。在许多问题上,咱们这些老家伙的思想跟不上趟,要拜年轻人为师,老老实实地向年轻人学习。

老姜说:老赵今天又吐了一次象牙。老赵马上回了一句,你又骂我是狗?老姜也不示弱,你听到我带"狗"字了吗?吃什么心呀!两个老头如同"特金会"前的斗阵,但斗是斗,我们之间从不伤和气。

老张说:郑兄又有什么新想法,给咱们摆几句,我就爱听你摆龙门阵。

我说:我最近根据中美贸易摩擦,以及围绕这个摩擦所发生的各种起起伏伏的事件,我一直在反复琢磨大诗人陆游说的那句名言:"功夫在诗外"。经过我们针锋相对和有理、有利、有节的斗争,虽然美国挑起的这场贸易战还没有打起来,但是它给我们提供了一笔十分宝贵的精神财富。与其说贸易战没打起来是个胜利,倒不如说通过此次较量它给我们提供了在贸易战线上真枪真刀的实战演习。这不仅是一次经济实力的较量,而且是双方智慧的较量。在我看来,它的最大收获不仅是物质上的,而且是精神上的。通过这次较量,我们扎扎实实地摸了一下底。摸了对方采取的战略与策略的底,摸了对方出牌套路的底,摸了对方的软肋在哪里的底……同时,它也让我们看清了许多问题,得到相当多的经验教训。类如,我们一定要自力更生,立足国内,在最关键的方面不能让人家卡住咱们的脖子。我们不能在一棵树上吊死,不能把鸡蛋放在一个篮子里。我们要善于低调,不能太自吹自擂,让对手胆战心惊。我们要严格按合同办事,免于受到哑巴吃黄连有苦难言的惩罚。我们要严格保守国家机密,不能让对手抓住自己的把柄。我们必须培养锻炼一支在贸易战线上能打硬战的行家里手。所有这些,我认为和写诗一样,功夫在诗外,而不在诗内。也就是说,这次我们在贸易领域的胜利,不仅是贸易上的胜利,而且是贸易之外的胜利。我的这个看法是举一反三得来的,不一定对,如有不妥,请各位老兄指正。

老李说:佩服,佩服!

贸易战的原因

老赵说:美国政府为什么铁了心非要对我国打贸易战?我听有人说,就因为我们是社会主义国家体制,是共产党执政。可是我想,苏联早已解体了,共产党早已下台了,华沙条约国早已不存在了,为什么北约还存在、还东扩,都扩到俄罗斯家门口了?为什么第一次世界大战是资本主义国家之间打,第二次世界大战反而是社会主义苏联和其他资本主义国家联合起来共同与资本帝国主义的德国打?

老姜说:这次美国政府与我国打贸易战,一个重要的理由是我们对它搞"经济侵略",是"小偷",偷它的技术,侵犯它的知识产权。说到这,我的气就不打一处来。我们老祖宗发明的造纸术、指南针、火药、印刷术,为全世界做出了那么大的贡献,这可不是我们自吹的,是英国人李约瑟最早提出并被全世界公认的。我们中国向全世界要过知识产权了吗?诺贝尔先生主要是靠经营火药发财的,诺贝尔奖的奖金中应有中国火药的分儿吧?中国人提出过吗?美国是个没老祖宗的移民国家,才二三百年历史,科学技术发展那么快,还不是靠全世界的顶尖人物帮忙,在这些高科技人才中有多少是中国人?美国的高科技也有相当多是从别的国家"偷"的。当然知识产权必须保护,但是我们改革开放不也是为了引进资金、引进技术、引进管理吗？所以，以保护知识产权的名义对我们打贸易战，也不是根本原因。

老李说：美国总统这次对我国打贸易战的根本原因究竟是什么？

我说：这个问题在马克思和其他政治家，以及美国政府的文件中早有答案。马克思认为，人们在从事一切活动之前，先要解决吃、穿、住等物质生活资料，因此经济是基础，政治、文化、艺术等都是上层建筑。英国有位名叫本杰明的作家说："没有永恒的朋友，只有永恒的利益。"后来丘吉尔把这句话引申为"一个国家没有永恒的敌人，也没有永恒的朋友，只有永恒的利益。"在美国政府的一份安全报告中，明确提出要维护它的世界领导地位，而中国和俄罗斯是它维护世界霸主的一号和二号对手。为了美国优先，首先就要对世界第二大经济体的中国下手，从经济上破坏中国建设，影响中国的发展速度，让中国倒退几十年。说来说去醉翁之意不在酒，什么贸易顺差逆差，什么偷窃它的知识产权，统统是一种借口，你威胁到我的霸主与美国优先地位了，我不给你打贸易战才怪呢！这就是美国总统要打贸易战的根本原因所在。

针对贸易战的共识

在美国总统向我国打响的史无先例的规模最大的贸易战面前，我们几位老哥，达成如下六点共识：

第一，美国很早就宣称要与中国打贸易战，中间有过出尔反尔，红白脸一起唱的表演，最后还是正式开打了。关键是，人家选的这个开战的日子非同一般，是七七卢沟桥事变的头一天，而且在七七这一天，又派军舰耀武扬威地通过台湾海峡。选择这么一个对我国如此敏感，如此伤痛的日子，绝不是偶然的，是经过精心策划、精心挑选的。

第二，美国总统心想：我是全世界唯一的超级大国，你中国还是个发展中的国家，虽然你成了世界第二大经济体了，但不管从哪个方面比，我们的实力比你们中国强的不是一星半点儿，我只要向你宣布了开打，还不把你吓得尿了裤子，你必定会向我求饶。

第三，美国总统做了一辈子买卖，大概看书不多，尤其是对新中国成立后的历史了解研究得太少，请伸出手指头一件件算一算，不管遇到什么困难情况，我们站起来的中国人向谁低过头呢？当年我们新中国刚成立，就在朝鲜与美国较量过，逼得你们在停战协定上签字；之后封锁了新中国二十多年，尼克松总统还不是亲自找上门，恢复与中国正常关系来了。赫鲁晓夫为了让我们屈服，撤走资

94

金与专家,没想到这一逼,我们把导弹和原子弹全搞出来了。美国现任总统低估了中国人民的抗打击能力,错误地预判了形势。

第四,贸易战既然开打,没有输赢,必然是两败俱伤。这个认识我们必须坚定,千万不能在宣传上给人造成一种错觉,似乎对我们什么都有利,对美国什么都不利,哀兵必胜。而且要把这场贸易战对我们造成的困难与损失说个够,让全国人民都要有充分的精神和物质准备。不能存任何侥幸心理。这场贸易战若长期打下去,将涉及每一个人的切身利益,影响到每个家庭的生活,绝不可轻以轻心,好像没事儿似的。

第五,在国际上我们要联合一切可以联合的力量,共同反击贸易霸凌主义。揭露"美国优先"的本质,最大限度地孤立贸易保护主义者,坚持经济全球化的道路不动摇。但是,也要看清有些国家希望我们两败俱伤,从中得利;有的因自身利益暂时靠一靠我们;有的要两面派,在张面前说李坏,在李面前又骂张,为了达到一定目的,甚至给我们戴高帽子,让我们当头,冲在前边,把我们往死里送。

第六,贸易战既然有开始,就有结束的那一天。最后的结果就看谁扛的时间长。出口虽受到限制,但我们是个大国,消费人口多,需求量大,市场大。因此,我们一定要立足国内,减少不必要的劳民伤财的外援,增加内需,提高广大人民的生活水平,从而拧成一股劲儿,抗击美国总统强加在我们头上的这场贸易大战。并充分利用这个机会总结经验教训,把我们的高科技和其他的短板逼上去。这样,被逼到我们头上的这场贸易战,就没有白打。

我们几个老人的这六点认识,若有不妥之处,欢迎大家"拍砖"。

位卑未敢忘忧国。国家有难,匹夫有责。至今我们还看不出来,有谁能把我国打趴下!

总统的共同点

这次的龙门阵，是由老张向我提出的一个问题引起的。他说：郑兄，几十年前你给你的儿子郑渊洁写的家书中，有五封信是专门介绍美国历届总统的。根据你的分析，美国历任总统最大的共同点是什么？

我脱口而出：许多都是复员军人。

此话一出，大家都感到有点儿奇怪。怎么都是复员军人？我们从来还没听说过从这个角度说问题。

我说：我这样说，不是空口说胡话，有事实为证。例如：美国第一任总统华盛顿就是由总司令（上将）解甲归田后又出来当总统的，接下来许多总统都是复员军人，如第 5 任总统门罗（中校），第 7 任总统杰克逊（少将），第 9 任总统哈里森（准将），第 12 任总统泰勒（少将），第 14 任总统皮尔斯（准将），第 16 任总统林肯（上尉），第 18 任总统格兰特（上将），第 19 任总统海斯（少将），第 20 任总统加菲尔德（少将），第 23 任总统哈利森（准将），第 25 任总统麦金莱（少校），第 33 任总统杜鲁门（少校），第 34 任总统艾森豪威尔（上将），第 35 任总统肯尼迪（上尉），第 36 任总统约翰逊（中尉），第 37 任总统尼克松（少校），第 38 任总统福特（上尉），第 39 任总统卡特（上尉），第 41 任总统布什(少尉)。

老王说:听说在美国有个法律,凡适龄青年必须服兵役,逃兵役是人生的一大耻辱,这个黑点一生都难以抹掉。还有个规定,现役军人不能从政,必须复员多少年后才能从政。所以,在美国总统中,复员军人较多。郑兄这么说没错。

我说:你们看过第一位复员军人总统华盛顿《向国会两院发表的就职演说》吗?

大家都说没有。这篇演说两千字左右,我将几个要点向阁下介绍如下:

华盛顿形容自己接到任开国元首的通知时说, 深感惶恐。我一生饱经忧患, 唯过去所经历的任何焦虑均不如今日之甚。一方面,因祖国的召唤,要我再度出山,对祖国的号令,我不能不肃然景从。另一方面,祖国委我以重任,其艰巨与繁剧,即使是国内最有才智和最有阅历的人士,亦将自感难以胜任,何况我资质鲁钝,又从未担任过政府行政职务,更感德薄能鲜,难当重任。

华盛顿是有神论者,接着他说:因为上帝统治着全宇宙,主宰世界各国,神助能弥补凡人的任何缺陷。愿上帝赐福,保佑美国民众的自由与幸福,及为此目的而组成的政府,并保佑其政府在行政管理中顺利完成其应尽的职责。

在讲了政府的职责之后,华盛顿最后说:我对祖国的热爱激励我以满怀愉悦的心情展望未来。这是因为, 在我国的体制和发展趋势中,出现了又有道德又有幸福,又尽义务又享利益,又有公正和宽仁的方针政策作为切实准则, 又有社会繁荣昌盛作为丰硕成果的不可分割的统一。这已是无可争辩的事实。

老康说：早就听说美国开国总统华盛顿是位了不起的伟大人物，今天听了郑兄的扼要介绍，有了初步认识，今后再找点关于他的材料好好看看。

第四章　畅所欲言

方法论

老谷说：我从网上看到许多年轻人都感到奇怪，你们这些老爷爷都九十岁左右的人了，为什么对一些重大问题，看得还那么准，这里边有什么窍门吗？老郑你研究了一辈子哲学，能否既简明扼要又通俗易懂的给晚辈们讲几句，传经送宝也好，抛砖引玉也罢。

我说：那我就谈点儿我观察客观事物的"方法论"。世界上的事物错综复杂，当你观察它时，要善于抓住它的主要矛盾，正所谓牵牛就要牵住牛鼻子，或者更明白地说，就是要抓住它的战略目标。例如拿美国来说，他的战略就是要保住他全世界老大的位置。超级大国也好，美国第一、美国优先也罢，统统是为了他这个战略目标服务的。美国每天睡觉都要睁一只眼睛，看看哪个国家威胁到他老大的位置。过去是苏联，苏联解体后，中国这几十年发展那么快，经济总量更是位居第二，国家又那么大，人口又那么多，又是共产党执政的社会主义国家，美国岂能让中国威胁到他的位置？特朗普当上美国总统后不久，就发表了一个《美国安全战略报告》，在这份报告中十分明确地把中国定为"战略竞争对手"。换句话说，美国已经把我国定性为要取代他的最危险的对手了。这个战略目标定下来后，他们的一切策略，一切手段，都是为了削弱、排除、消灭这个战略对手而服务的。因此，在抓住主要矛盾后，就要以联系的而不是孤立的观点看问题。美国为了实现他的战略目标,他竟赤裸裸地毫不掩饰地对我国打"组合拳":在经济上,打响贸易大战;在军事上,把他的军舰和航母驶入我南海岛礁;在涉及我国最核心的利益上,签署《与台湾交往法案》,突破中美建交时达成的恪守一中原则,立即实现了美台官员"互访";在法律上,向世贸组织起诉我国侵犯美国知识产权;在人事安排上,换上对我国持强硬态度的臭名昭著的鹰派人物;在国际上,拉拢联合一切反华的国家……我们只要从战略的高度并运用联系的观点看问题,就会把这种种现象看得一清二楚。今后,可能会打打停停,一会儿笑脸,一会儿又吹胡子瞪眼,但万变不离其宗——美国的战略目标是守住世界老大的头把交椅,我们的战略目标是从站起来到富起来再到强起来,实现中华民族的伟大复兴的中国梦。美国缺乏容忍之度,千方百计地不准我们强起来。今后在相当长的时期里,双方斗争的实质也就清晰了。把这个问题看透了,以后发生的其他问题就迎刃而解了。这就是我的一套极为粗浅朴素的"方法论"。

"杠精"老赵说:纵观世界史,还没有一个国家永远坐着第一把交椅不下来的,美国也不是天生就是老大,这头把交椅还不是从英国手里抢来的。常言道:"皇帝轮流做,今天到我家"。只要咱们把自己国内的事情办好,自己不折腾自己,不犯颠覆性错误,全国上下拧成一股绳,勒紧裤带艰苦奋斗几十年,多么厉害的天王老子,也没有力量阻挡我们中华民族实现中华民族伟大复兴。遗憾的是这一天咱们这些老家伙可能看不到了,实现梦想靠后生!

人生第一次

　　这次龙门阵的话题是由平常不太爱说话的老李挑起的。他说:人的一生不论是伟人还是我们这些普通人,都有许多第一次。第一次留下的印象,常常终生难忘。

　　老王说:此话不假。比如,从毛主席与斯诺的谈话中得知,他有生以来读的第一张报纸的名字叫《民立报》,是由于右任先生主编的。就是在这张报纸上,他第一次知道了七十二烈士殉难的消息;他第一次知道了孙中山和同盟会的纲领;因为从这份报纸上学到许多激动人心的材料,使年轻的毛泽东以二十八画生(注:"毛泽东"的繁体字是二十八画)的名义写了第一篇发表政见的文章,贴在长沙师范校园的墙上,提出请孙中山从日本回来,担任政府总统,由康有为任国务总理,由梁启超任外交部部长的主张。后来,毛泽东又从一份《湘江日报》上,第一次知道了"社会主义"这个名词。

　　老王说:前些年,我从我孙女那里看到她在聚精会神地看一本书,书名叫《郑渊洁随笔:第一次写皮皮鲁》,里边有几十篇文章,我至今能记住的有:第一次吃自助餐、第一次打人、第一次挨打、第一次看书、第一次挣稿费、第一次存款、第一次写童话、第一次参加评职称、第一次家里安装电话、第一次孩子出生、第一次看电视、第一次动手术、第一次买汽车、第一次到大学演讲,等等。我记得最清楚的是,还有一篇"第一次吃人肉",出于好奇,我看了一下,原来是郑渊洁当兵住院时,和几个年轻人一起,吃过一个小儿胎盘。当然胎盘也是人肉。

我说:我第一次见电灯,是1947年在长治。因为不知道电灯怎么关,一晚上亮的睡不着,后来把头钻到被子里才睡了一会儿。我第一次看电影是1948年在石家庄电影院,电影名字叫《夜半枪声》,我非常奇怪,电影里的人怎么会走动、会说话、会吃饭,尤其是挨了枪子,流了一摊血,死了,这怎么办?这部片子,我连着看了七次。

老赵说:我第一次见火车是1946年在河北武安,是一种拉煤的车,虽然比现在的高铁落后了不知多少倍,但因为是第一次见,至今难忘。老姜想杠一下老赵,你别说什么火车了,说说第一次见你老婆的事吧!老赵说,去,去,去,这些风流韵事,我的枯燥无味,老嫂子走了后,你不是又再婚了吗,还是位教授级的大夫,说说这里边的故事,大家准爱听……老姜被杠的一声不吭。

老张说:你们说着说着就跑题了,老不正经。我说点儿正经的,我第一次喊万岁,是喊两个万岁:毛主席万岁!朱总司令万岁!我记得党的七大之后,第一次把毛刘周朱排到一起,那时还有个说法:毛泽东的思想,刘少奇的修养,周恩来的风度,朱德的慈祥。

朋友,每个人都有许多第一次,您印象最深的第一次是什么?说说!

世界读书日

今天是周末，几位老人又凑到一起神侃。肚子里墨水较多的老王想露一手，他突如其来地将我一军：老郑，你知道明天是什么日子吗？

老赵抢答：这还用问，星期一，4月23日呀！

老王胸有成竹地说：你老兄回答的百分之百正确。但你知道4月23日是什么日子吗？

老赵向来嘴硬，他说：简直是废话，4月23日就是4月23日，难道还能是4月24日？

我看两位老头犟上了，忙上来解围。我说：4月23日是"世界读书日"。

老赵说：这是谁定的，为什么不定4月22日，也不定4月24日，偏偏定在每年的4月23日为"世界读书日"？

我说：赵兄，你整天就知道抬杠，好多事情你并不知道，今天就让我给你扫个盲，你虚心点儿。孔子说过："知之为知之，不知为不知，是知也。"毛主席说过："虚心使人进步，骄傲使人落后。"

老赵说：你就快说吧，别拿圣人的话给我扣帽子。

我清了清嗓子，慢条斯理地说：联合国规定每年4月23日为"世界读书日"，那是有故事的。相传很久很久以前，在西班牙加泰罗尼亚地区,有位名叫乔治的勇士,从恶魔手里救了一位公主,也就是我们常说的英雄救美人。这位公主获救后赠给勇士的礼物,是一本书,象征着知识与力量。因为这一天是 4 月 23 日,于是从此以后,每到这一天,这个地区的女人们就给自己的丈夫或男朋友赠送一本书,希望自己的男人成为既勇敢又有智慧的人。男人们则回赠女人一枝玫瑰花。世界上的事,真是不巧不成书,4 月 23 日不仅是西班牙大文豪塞万提斯的忌日,还是莎士比亚的出生与去世的日子,也是美国著名作家纳博科夫、法国著名作家德鲁昂、冰岛诺贝尔文学奖得主克斯内斯的生日。根据这些传说与巧合,联合国教科文组织于 1995 年正式宣布每年的 4 月 23 日为"世界读书日",从而号召人们走向读书的社会,要求社会成员不分男女老少人人读书,让图书成为每个人生活的必需品,读书活动成为每个人日常生活不可缺少的一部分。这就是我从资料上看到的"世界读书日"的来历。如果有不对之处,还请赵兄斧正。

老赵红着脸说:郑兄,你这不是讽刺我嘛。这样吧,我回去就让我女儿明天送给她丈夫一本书。哎呀,现在去书店买书,恐怕来不及了,就把你送给我的那本《父亲的含义是榜样》,让我女儿送给他爱人,让他为我的外孙做个好榜样吧。

老张说:老赵你小子真抠门!

大家哈哈一笑散了。

人类社会的发展规律

老王说：你们知道如果马克思还活着的话，现在该有多大岁数了？没人吭声。他说，我告诉你们吧，马克思诞辰两百周年纪念日快到了，他于1818年5月5日出生在德国莱茵省的一个名叫特里尔的小城市。为了纪念马克思诞辰两百周年，德国的这个城市正在忙碌地进行着筹备工作；我国著名雕刻家吴为山先生还创作了一个铜质的马克思大型整身雕像，前些日子已经运抵马克思的出生地，在一个广场上落成，很引人注目，受到当地人们的热烈欢迎与高度赞扬。

我说：既然大家谈到马克思诞辰两百周年，我想最好的纪念方式，就是了解马克思所揭示的人类社会发展的规律，并且善于用这个规律，观察世界上所发生的一切事情。

老赵说：郑兄，别看我平时爱抬杠，但在理论上，我有自知之明，在这方面我们在你面前甘拜下风，你能否用最简单、最通俗易懂的语言，谈谈马克思揭示的人类社会发展规律？

我说：那我就来个抛砖引玉吧。在我们居住的这个地球上，有两个动物世界，一个是低级动物世界，一个是高级动物世界，它们的主要区别在于是不是会思考、会制造工具、会进行创造性劳动。发现低级动物世界发展规律的功劳，主要是达尔文，他认为低级动物世界（包括整个有机界）的发展规律基本上是，物竞天择、优胜劣汰、弱肉强食、适者生存。至于马克思所揭示的人类社会发展规律，恩格斯在马克思的墓前有个著名的演说，他只用了这样两百多字来表述："正像达尔文发现有机界的发展规律一样，马克思发现了人类历史的发展规律，即历来为繁茂芜杂的意识形态所掩盖着的一个简单事实：人们首先必须吃、喝、住、穿，然后才能从事政治、科学、艺术、宗教，等等。所以，直接的物质的生活资料的生产，因而一个民族一个时代的一定的经济发展阶段，便成为基础，人们的国家制度、法的观点、艺术以至宗教观念，就是从这个基础上发展起来的，因而，也必须由这个基础来解释，而不是像过去那样做的相反。"我的老伙计们，恩格斯说的是什么意思呢？就是说，人们在从事一切活动之前，必须先解决吃的、喝的、穿的、住的，这些东西是从哪儿来的，必须生产它们。每个历史时期生产这些物质生活资料的方式，就构成了它的经济基础，在这个经济基础上，产生了它的上层建筑，国家制度，政治、艺术、宗教等，一切社会现象，都要从这个基础出发来解释。例如，有文字以来的人类社会斗了几千年，发生了那么多次大大小小的战争，争夺地盘，包括现在的贸易战，归根到底都是在争吃的、喝的、穿的、住的、行的等物质生活资料，一切上层建筑，不管被说得多么五花八门、天花乱坠、多么好听，统统是为这个经济基础服务的，也要从这个基础出发来寻求答案。

老张说：马克思揭示的人类社会发展规律，原来就如此简单。

我说：一切深奥复杂的理论，无不存在于简单的事物之中。

老姜说：今天的收获太大了。老郑，在马克思两百周年诞辰之际，在我九十岁的时候，我才感到今天学的马克思主义，学到根本上来了。过去,我也看了不少书,听过不少课,但从来没人这么简单明确地给我说过,马克思发现的人类社会发展的规律,究竟是个什么样的。真是听君一席话,胜读十年书呀!

放飞信鸽

老康说：前几天我从报上看到一个消息：尽管现代社会通讯已经非常发达，但是印度奥利萨邦的警察仍努力维护着用"信鸽传书"的传统。这个传统始于 1946 年，当时印度军队将两百只信鸽交给警方，用于偏远山区之间的沟通。1999 年的大飓风期间，一个镇的居民在各种通讯渠道都被洪水冲断的情况下，这些信鸽成为唯一的沟通工具，是"超级大救星"，因此奥利萨邦的现任警察局长认为："奥利萨邦的鸽子是我们国家的遗产，我们应该把它留给我们的下一代。"老郑，你两个儿子，郑渊洁被人们誉为"童话大王"，郑毅洁被人们誉为"信鸽大王"，可是你经常提老大，提老二较少，是否厚此薄彼呀？

我说：十指连心，手心手背全是肉，在我家不存在这种情况。其实，他哥俩小时候，我就有仔细观察，发现渊洁爱读书、爱写作文，我就常领他去书店，满足他求知的要求；而毅洁从小喜欢鸽子，在他八岁时，我就给他买了一对雪白的信鸽。我的观点是，同是一个妈生的孩子性格特长爱好也不一定一样，大人要根据孩子的特长爱好兴趣，因势利导。从后来的发展看，我的这个做法是对的，在孩子身上我没帮倒忙。至于信鸽的作用，我还有个资料：在二战中，1943 年 11 月 18 日，英军第五十六皇家步兵旅为了迅速突破德军防线,请求盟军火力支援,战斗打响后英军出乎意料地迅速打垮了德军防线,占领了德军阵地。若按原定的陆空协同作战计划,飞机投下的炸弹,就会落在英军五十六旅的头上,在其他通信中断的情况下,英军急忙向指挥部放了一只名叫"格久"的信鸽,这只信鸽虽然中弹受伤,但带伤飞到指挥部,完成了任务后就死亡了,而英军五十六旅却得救了。为了表彰这只名叫"格久"的信鸽,当时的英国伦敦市长将一枚"迪金勋章"授予这只信鸽,表示对这只信鸽英雄的最高奖赏。无论是在救灾、战争,还是在平时的生活中,信鸽的感人事迹还有很多。

老王说:我还听说把鸽子命名为和平鸽是智利大诗人聂鲁达的提议,世界和平大会会场上挂的那只和平鸽是大画家毕加索画的大作。

老张说:我还听说过,我们国家名誉主席宋庆龄、京剧大师梅兰芳、英国女王伊丽莎白二世都喜欢养信鸽。我国的重大节日,如国庆节,还有奥运会,成千上万只信鸽都飞向蓝天。因此,北京市历届政府对饲养信鸽都采取保护措施。

大家正在聊着,一群群象征着和平的信鸽从我们头上飞过。

人与动物

龙门阵一开始，"杠精"老赵就提出一个问题：你们能用一句话说清楚人与一般动物的区别是什么吗？

老姜说：人是会思考的动物。

老李说：人是会创造工具的动物。

老张说：人是会笑的动物。

老康说：老赵你别卖关子设圈套了，你说说人是什么动物？

老赵说：你们说的都对，都靠谱。要让我说，人是会说话的动物。因为说话里面的学问太大了。在哲学上不是有句名言嘛：一切以时间、地点条件为转移，具体问题具体分析。就拿说话来说吧，有些话当面能说，背后不能说；有些话背后能说，当面不能说；有的话晚上能说，白天不宜说；有的话白天能说，晚上反而不能说；有些话会上能说，会下不能说；有的话会下能说，会上不能说；有的话对父母能说，对老婆不能说；有的话对老婆能说，对父母不能说；有的话第三个人在场能说，只有两个人不能说；有的话只有两个人可以说，第三个人在场反而不能说；有的话在职时能说，退下来不能说；有的话退下来能说，在岗位上反而不能说；有的话给大人可以说，给孩子不宜说；有些话可以给孩子们说，倒不宜给大人们说；有些话本国人能说，外国人不能说；有些话外国人能说，本国人不能说;有些话人家在台上你不能说,下了台随便说;有些话人家活着不能说,死了后才可以说;有些话人家活着可以说,死了反而不宜再说……

老王说:没想到老赵在这方面有这么多的研究,过去真没看出来,你还是个粗中有细之人呀!

老赵却说:常言道,病从口入,祸从口出,过去我在说话上吃过大亏,有一次差点给划到敌我矛盾中去。你们别看我爱抬杠,但我抬的杠都不出圈。我也是一朝被蛇咬,十年怕井绳的人,出圈的话咱不说。

老康说:说实话,这不是狡猾,做人嘛,生活在群体之中,说话是让别人听的,是互相交流的一种功能,应该有分寸,不能嘴上不设岗哨,不分场合,不看对象,不计后果,到处信口开河。还是到什么山唱什么歌,看菜吃饭,量体裁衣,说话有分寸,严谨点好。咱们平常人,说话也要文明。文明用语,说话得体,是衡量一个人有否修养的重要标准。

万变不离其宗

最近我发现一个问题，我们龙门阵的内容，一聊理论与政治方面的问题，看的朋友一般不超过十万，在五万左右晃荡，而一聊生活家长里短方面的事，大部分情况下，都在十万人以上，有时来看的竟有几十万人。

老王说：其实，咱们聊的那些理论方面的问题含金量最高，一个人如果在基本理论上不打下坚实的根底，看问题就摸不到门道，还容易左右摇摆。例如，前几天咱们说的马克思发现的人类社会发展的规律，虽然只有两百多字，但那是看一切问题的一把万能钥匙，包括家庭日常生活、各项工作、政权更迭、发生的各种战争、现在的中美贸易战、朝韩发表的《板门店宣言》，都可以运用马克思发现的人类社会发展的规律来解释。真是万变不离其宗呀。

老赵说：老郑，别看我爱抬个杠，但我特别爱听你讲的一些哲学观点，这些观点往往放之四海而皆准，真是大道理管着小道理，把大道理弄清楚了，小道理自然就会迎刃而解。

赵兄如此抬举我，那我今天就讲一个哲学命题：任何事物无不在一定的条件下，向自己的反面转化。你看一棵树，它有生长的上升阶段，当它长到一定时候就开始向反面转化，变老，甚至内部变空，最后死亡，即使千年以上的老树也有死去的一天。再如一个人出生之后，有他的童年、青年、壮年、老年，到了壮年发展就到顶了，从此就向着自己的反面转化，最后死亡。咱们这些老家伙也在经过这一过程，相当多的人已经死去了，剩下的咱们这些人，还在向自己的反面转化着，总有一天要转化到火葬场去，找到自己最后的归宿。后来的所有人，也同样向自己的反面转化，这就是生生死死，永不停息。一个社会同样也在向自己的反面转化，每个社会形态，当它刚刚产生的时候，都是生机勃勃的，走着走着乌七八糟的事情就出现了，无不向着自己的反面转化。在哲学上有句话，希望大家牢记：自然界与人类社会的发展，其上升的顶点，就是其下降的起点。你看有些单位有些人红得发紫时候，他倒霉的时候往往就要来了。当然，有些事情下降到(坏到)一定程度，也会向好的方面转化。最近国际上发生的一些事情，无不证明了这个真理。

老张说：按照郑兄提供的这个思路，我有一个看法，美国总统特朗普要跟咱们打贸易战，极力限制我国高科技的发展，这是个坏事，但他这么一逼，肯定把我们逼上去，像当年赫鲁晓夫撤专家停援助一样，他这么一逼，我们的导弹原子弹氢弹人造卫星都搞出来了。美国不逼，我们一百年也赶不上它，它这么一逼，说不定大大缩短了我们赶上它的时间。从这个角度看问题，我们要感谢特朗普先生，他表面上看是美国优先，实际上是把美国从第一的位置上往下滑，在毁美国，在"帮"我们更快发展。从这个意义上来说，我们不仅不应该骂特朗普，而应该授予他个大勋章，像这样朝三暮四、出尔反尔的美国总统，也是百年不遇呀！

变化的意义

老姜说：在哲学上还有一个命题：外因是条件，内因是根据，外因通过内因而起作用。为了说明这个道理，毛主席还举过一个很形象的例子，一定的温度能把鸡蛋变成小鸡，而不能把石头变成小鸡。

老王说：我在一篇文章里还看到，毛主席还说过："坟墓都是自己挖的"。你看当年苏联那么强大，它刚建立时十四个帝国主义国家企图把它扼杀在摇篮里，没有达到目的。后来希特勒的纳粹军几乎打到莫斯科城下，不仅没有消灭它，反而被消灭。然而，后来苏联自己内部腐烂了，外部势力没放一枪一弹，它自己就土崩瓦解了。这说明，埋葬自己的坟墓，归根到底还是自己挖的。

老康说：看来否定自己的还是自己。从反腐败的情况看，那些腐败分子都是自己为自己挖的坟墓，如果自己屁股上没屎，你怎么揭发、怎么查我也不怕。还是人民群众早就说的那句话，别看你现在折腾得欢，就怕到时候给你拉清单。一拉清单，他就完蛋。

老李说：在同样的气候，同样的环境，同样的饮食，同样的医疗条件下，为什么有的人非常健康、长寿，而有的人多病，甚至夭亡，归根结底也是内因在起作用，凡免疫力强的人，他就能抵抗各种病菌，自身免疫力很差的人，有个风吹草动，他就会伤风感冒，进而引来其他大病。

我说：各位老兄今天谈的太好了，看来，关键的关键，还是要把我们自己的事情办好。就拿咱们国家来说吧，虽然拿破仑说过："中国是一只沉睡的雄狮，一旦醒来，整个世界都会为之颤抖"。印度大诗人泰戈尔于 1924 年来我国访问时也说过："我相信，当你们国家站起来，把自己的精神表达出来的时候，亚洲也将有一个伟大的将来"。拿破仑也好，泰戈尔也罢，不管人家怎么说，对我国抱有多大的期望，然而国家能否站起来，富起来，强起来，还得靠我们自己，世界上历来是靠实力说话，你要想受到别人尊重，你必须有值得别人尊重之处。

古诗争霸

　　这次的龙门阵很有诗意。话题是老赵引起的。老赵虽爱抬杠，据我长期观察，其实他是位粗中有细且通情达理之人。他虽不太随和，但不跟风，有主见，求知欲很强。

　　今天，一上来老赵就问我：老郑，听说你年轻的时候背过古诗，近代的马雅可夫斯基的长诗《列宁》，你也能大段大段地背下来。那么我要问你，咱们中国历史上流传最广，评价最高的前五首古诗，你老兄现在都八十七岁了，还能背下来吗？

　　我说：年轻时期背下来的东西，越老记得越清楚。不知为什么，老年人有个特点，眼前的事常忘，而好远以前的事反而记得特别清楚。所以我劝年轻人在记忆力好的时候多背点儿东西，年轻时刻在脑子里的东西往往能伴随你一生。不信，大家不要插话，听我背历史评委经过反复筛选，定下来的前五首古诗。

　　　　冠军诗是李白的《静夜思》：
　　　　床前明月光，疑是地上霜。
　　　　举头望明月，低头思故乡。
　　　　亚军诗是孟郊的《游子吟》：
　　　　慈母手中线，游子身上衣。

临行密密缝,意恐迟迟归。

谁言寸草心,报得三春晖。

季军诗是白居易的《赋得古原草送别》:

离离原上草,一岁一枯荣。

野火烧不尽,春风吹又生。

远芳侵古道,晴翠接荒城。

又送王孙去,萋萋满别情。

排在第四位的是曹植的《七步诗》:

煮豆持作羹,漉菽以为汁。

萁在釜下燃,豆在釜中泣。

本自同根生,相煎何太急。

排在第五位的是王之涣的《登鹳雀楼》:

白日依山尽,黄河入海流。

欲穷千里目,更上一层楼。

怎么样,我敢说,一字不差吧。

老赵说:佩服,佩服,看来你每天的革命小酒没白喝,猪蹄子、烧鸡没白吃。

我接着说:我国的古诗千千万首,为什么历史评委把这五首列在最前面?专门讲诗的人讲了许多比诗本身还难懂的道理,那种越讲越复杂的讲法,我不会,我认为之所以把这五首排在最前面,最主要的原因就是三点:第一,它用词特别简洁、通俗、明白。第二,由于它包含的深意,在祖祖辈辈的读者中都能产生共鸣。第三,诗中有历朝历代人们都可以反复引用的警句。

老张说:我就喜欢这种不故弄玄虚的解释,以其昏昏岂能使人昭昭。

重新组合

　　我们的龙门阵，无拘无束，天马行空，谈天说地，很有兴味。在这里没有东家长西家短婆婆妈妈的琐事，也没有这儿也不满那儿也不满的满腹牢骚。所以，许多老哥都以能参加进来为乐事。

　　老赵说：郑兄，我听你说话，总有一种享受感，同样的话从你嘴里出来与从我嘴里出来味道大不一样。这里面你有什么窍门？

　　我说：谢谢你老兄的夸奖。依我说，这里面有态度问题，也有方法问题。态度，就是平等待人，不好为人师。不管什么问题，都不要把话说绝，要留有余地，要始终明白一个道理：世界上相对的事物太多，而绝对的事物极少，谁也不可能穷尽真理。在方法上，就是根据不同情况、不同问题、不同对象，灵活运用。好多人忽视方法，在学习中，不知道要把重点放在培养自己分析问题和解决问题的方法上来，只在那里死记硬背，结果书读的也不少，近视度数直线上升，而且越读越呆。我们不是刚纪念完马克思两百周年诞辰嘛，到底向马克思学什么？恩格斯说过一句话："马克思的整个世界观不是教义，而是方法。"只要我们掌握了这种科学分析问题的方法，就会用一把钥匙开万把锁，一通百通。世界上的道理就那么多，而它的故事是无穷无尽的。衡量每个人的本领大小，就看你在这些故事面前，会不会识透这些故事的本质，会不会从这些故事中去伪存真，会不会把这些故事用一定的形式把它们表述出来，进而使自己变成一个会讲故事、会编故事的能手。

老王说：郑兄，说到方法，你有哪些具体的体会，能否略谈一二？

我说：比如谈问题、写文章，你要学会把汉字或外语重新排列组合。就拿汉字的数量来说，有的说有 16917 个字，有的说有 22726 个字，还有的说有 91251 个字，但是常用的也就是几千个字。这几千字就看你有没有本事把它们打乱，按照自己的需要，重新将其排列组合起来。施耐庵重新排列组合成一部《水浒传》、罗贯中重新排列组合成一部《三国演义》、吴承恩重新排列组合成一部《西游记》、曹雪芹又重新排列组合成一部《红楼梦》。以此类推，就像雕塑家用的原材料几乎是一样的，但他们雕刻出来的作品却千差万别，水平高低更是相差甚远。这是为什么，从根本上来说，就是方法的差别。说话也好，写文章也罢，还要善于找新角度，例如，咱们昨天谈古诗，古诗的排名早已有之，但是用冠军诗、亚军诗、季军诗的排法，似乎没见过。这些古诗的排名是在历史的长河中经过无数次大浪淘沙脱颖而出的，平时我们也常在电视上看见各种评委，但用"历史评委"的说法，似乎并不多见。这就是说，同样一件事，你能否用个新的角度，把平常见过的词，来个重新排列组合，从而使人耳目一新。

老王说：老郑讲的这些东西，一般人不会给你讲。过去师傅教徒弟，别看徒弟给师傅和师娘做饭、刷碗、倒尿盆，师傅一般也不教方法，聪明的徒弟只能偷着看、偷着学。还有些家庭有祖传秘方、有绝活，他们教媳妇不教闺女，因为闺女是嫁出的人泼出的水，媳妇是自家人，生的孩子姓自家的姓，他们就怕把自家的绝招传给外姓人。

老姜说：这种情况现在也存在，我家的孙子读博士生，人家导师大部分时间只给开许多书单子让你去读，他并不传授方法。所以，老郑经常向年轻人强调掌握方法的重要性，这确实是无私奉献。常言道，会看的看门道，不会看的看热闹。门道是什么？门道就是方法。这点我服了！我一定告诉我的孙子，把主要精力用在解决方法上。

以文会友

龙门阵一上来我先发言。我说：最近我讲得太多，这种局面若不改变，很容易形成一言堂。说干就干，改变从今儿开始，请诸位说一首自己最喜欢的词。请老赵先说。

老赵说：郑兄将我的军了，好，我遵命，打头炮。要说词，虽然各有所爱，但我认为很少有人能超过苏东坡。苏轼写的好词相当多，我最偏爱他的那首《水调歌头》："明月几时有，把酒问青天。不知天上宫阙，今夕是何年？我欲乘风归去，又恐琼楼玉宇，高处不胜寒。起舞弄清影，何似在人间！转朱阁，低绮户，照无眠。不应有恨，何事长向别时圆？人有悲欢离合，月有阴晴圆缺，此事古难全。但愿人长久，千里共婵娟。"有位古人（我忘了名字）评价说，中秋词，自苏东坡的《水调歌头》一出，余词尽废。你们看"人有悲欢离合，月有阴晴圆缺，此事古难全。但愿人长久，千里共婵娟。"这是多么符合客观规律，多么符合辩证法。所以，我最喜欢这一首。

老王说：我最喜欢苏东坡的另一首《念奴娇·赤壁怀古》："大江东去，浪淘尽，千古风流人物。故垒西边，人道是，三国周郎赤壁。乱石穿空，惊涛拍岸，卷起千堆雪。江山如画，一时多少豪杰！遥想公瑾当年，小乔初嫁了，雄姿英发。羽扇纶巾，谈笑间，樯橹灰飞烟灭。故国神游，多情应笑我，早生华发。人间如梦，一尊还酹江月。"这首词气派真大,不愧为"千古绝唱"。所以我能倒背如流。

老张说:我最欣赏那位"倒霉皇帝"李煜写的《虞美人》:"春花秋月何时了,往事知多少!小楼昨夜又东风,故国不堪回首月明中。雕栏玉砌应犹在,只是朱颜改。问君能有几多愁?恰似一江春水向东流。"我记得有部电影的名字就叫《一江春水向东流》。这首词是李煜的代表作和绝命词,是他用血与泪写成的,我十分喜欢。

老王说:我记忆力的路径较短,长的背不下来。我就喜欢马致远的那首元曲《天净沙·秋思》:"枯藤老树昏鸦,小桥流水人家,古道西风瘦马。夕阳西下,断肠人在天涯。"这几句别看短,被历代文人誉为"秋思之祖"。

老康说:你们说的这几首我都喜欢,要让我说,我最喜欢杨慎的那首《临江仙·滚滚长江》:"滚滚长江东逝水,浪花淘尽英雄。是非成败转头空。青山依旧在,几度夕阳红。白发渔樵江渚上,惯看秋月春风。一壶浊酒喜相逢。古今多少事,都付笑谈中。"杨慎真把人生看透了,争来争去,争个啥,古今多少事,还不都成了喝酒时的谈料。

我说:各位喜欢的这几首,也就是世人公认的前几首。由此可见,只要是好东西,自己不用吹,历史会做出公正的评判。民意不用商量,民意不分历史阶段,民意不分男女老幼,民意不用老王卖瓜自卖自夸,凡是好作品,都会获得共鸣,受到绝大多数人世世代代的传颂。

我的第一次

在我们龙门阵的群体中,只有老姜是天津人,别看现在北京到天津乘火车只需要三十分钟,但他因年迈体弱,已经有些年没回过天津了,对生养自己的故土十分关心。他见到我后,立马发问:老郑,你这趟去天津,对我们天津的印象如何?

我说:在我的孙子郑亚旗的保驾护航下,我们的汽车从北京出发,直奔天津滨海新区新建的特大图书馆。这个图书馆给我的印象就是,建筑雄伟、美丽、别具一格,走进去马上就能感受到书的海洋和知识就是力量的氛围。这个图书馆的落成是个奇迹。晚上孙子请我吃的海鲜,我们爷儿俩喝了半斤二锅头,外加一瓶啤酒。昨天受到天津人民出版社的邀请,在天津国展中心参加了读者见面会,并签售了《聊天》一书。我对你们天津的印象非常好。

老姜问:没吃狗不理包子?我说,哪敢不吃,不吃我怕变成小狗狗,不,老狗狗。我记得连毛主席都说过,起这种包子名字的人不简单,他很会起名字。

老王问我:郑兄,你在读者见面会上,给你的读者和粉丝讲了些什么?

我说:我这次来到天津,特别高兴,因为我人生中的几个第一与天津息息相关:

我买的第一辆自行车是天津产的"飞鸽"牌自行车。那时还是供给制，我好不容易攒下十几万（当时的一万元就是现在的一元）块钱，买下这辆著名品牌的自行车。当时的高兴劲儿绝不亚于现在买一辆高级小汽车。下雨或下雪后舍不得骑，天晴后骑，如果遇到路上有个水坑，我扛着车过去，宁让车骑我，也舍不得我骑车，生怕给它沾上泥。那时，我还没结婚，生怕把车丢了，晚上我把自行车放在我的床上。这辆自行车陪了我二十多年。

　　我的第一块手表是在天津买的。20世纪50年代初，我从石家庄到天津出差。当时外国进口手表，最好的是大罗马，其次是大英格、小英格，这些牌子我都买不起，我就在天津劝业场买了块"依波罗"牌子的瑞士进口表。自从这块表的所有权归我之后，我喜欢它的心情难以用语言形容。白天我把袖子挽起一点儿，希望别人看到我的手表；晚上我爱看它上面的夜光，爱听它走的声音；要入眠了，放在枕头下，就怕它飞了。我看书时，把表放在一旁，看一小时就停下来，让眼睛休息一会儿，往远处看一看，不管干什么，都不能死盯在一个地方。我看了一辈子书，写了一辈子字，年轻时不近视，至今不老花眼。我讲课时总是把这块表放在讲台上，它让我从不拖堂，受到学员们的好评。这块表它陪伴了我几十年，真的功不可没。有一次带孙子去动物园看大老虎，人很多，回到家发现手表不见了，大概小偷趁人多之际顺走了。我心疼了好一阵子，因为这块表是从天津买的，丢了它，我还有点儿对不起天津的滋味。

　　我的第一台九英寸的小电视机也是天津产的。别看这台电视袖珍得如同小人书，然而，当时在我住的那栋宿舍楼上，我们是第一个拥有电视机的人家。每天晚上邻居家的孩子们由大人领着，拿上小板凳，来我家看电视，都觉着新鲜好奇得不得了。后来人多会客室挤不下了，就拉了根电线晚上放在院子里看。

我在人民出版社出的第一本书也是在天津人民出版社。我从岗位上退下来后，一点儿也没闲着，看书写字的习惯怎么也停不住，先后出版了四本书。我很想在人民出版社出一本书。2016年这个机会终于来了，我《聊天》一书的稿子，被他们看中，在该出版社领导和同志们的精心编辑下正式出版了。天津人民出版社就成为我由人民出版社出版的第一本书的东家。因此，我又一次要感谢天津！

我在京外的第一次与读者见面会和签售活动也是在天津举办的。我在北京王府井书店和西单图书大厦都搞过签售活动，但在京外一次也没举办过。今天咱们在这里搞的这次活动，使我的人生又添了一项新纪录。

我的和天津有关的五个第一讲完后，主持人任洁同志问我："老爷子您的《聊天》一书的写作灵感是怎样来的？"

我说：大家知道，我家的成员中除我的孙女是学霸外，其他人都只上过几年小学。一次参加央视《开门大吉》节目时，主持人小尼突然问我，您的知识是怎么得来的？我毫无精神准备，当着全国观众的面脱口而出：向全世界的名人借脑子。此话一出，我的几十万微博粉丝，就向我提出用什么方式向古今中外的名人借脑子？我就把我家书架子上的华盛顿、林肯、罗斯福、拿破仑、戴高乐、康德、黑格尔、托尔斯泰，以及我国的孔子、孟子、秦始皇、李世民、武则天、李白、施耐庵、罗贯中，等等几十位名人，请下来，我和他们一边喝酒一边聊天，聊得非常热闹有趣。通过聊天，我把他们最精华的东西都掏出来了。由于这本书在写法上创造了一种新的形式，所以出版后很受欢迎。

在天津的读者见面会上,我大概就讲了这些。因时间有限,只用了十来分钟,讲得不好,望多加指正。我的汇报完毕。

老姜说:我代表我们天津人,谢谢郑兄对我们天津如此的热爱和做如此大力度的宣传! 中午我请你喝二两。

我说:您敢请,我就敢喝!

分析

　　昨天我们的一位老友走了，享年九十六岁。他走的非常平静，属于无疾而终的那种。中午吃的饺子，他饭后习惯在沙发上坐一会儿，保姆收拾完餐具，请老爷子上床午睡，一看他的头偏过去了，一摸没脉搏了，赶快叫医生。大夫急忙赶到后，已没有任何生命迹象。老爷子就这么毫无痛苦地走了，大家都说他上辈子积下大德了。

　　今天早上我们几个八九十岁的人散步聊天时，几个年轻子女正在看这位老爷子的讣告。当他们看到终年九十六岁时，脱口而出："这个岁数走了还能接受！"

　　我们问：孩子们，八十多岁走了行不行？回答是：不及格。他们的理论是，水涨船高，行情在变化，过去人活七十古来稀，现在八十还是"年轻人"。我们又问：什么是水，什么是船？他们说：水是社会生活水平，船是个人的身体，社会生活水平逐步提高，人的寿命也应越涨越高。

　　我们几个老头在想，孩子们说得很有道理，好日子让我们这些幸存者赶上了，咱们要愉快地度过晚年，为社会为家庭发挥点儿余热。

　　孩子们走了后，老王把话题转到我的身上。他说：我也知道毛主席说过,分析好,大有益。但是遇到问题后,往往不会分析,容易脑子一热,就发表议论。你能否用最通俗易懂的语言,向我传授一下分析问题的方法?

我说:根据我的体会,最主要的是要养成分析的习惯。要有意识地把从书上学到的理论,用到实际生活中去。遇到问题脑子不要发热,冷静下来进行分析。把分析变成习惯,这是最重要的。例如,最近川航的一架客机"史诗"般的成功迫降,机组成员的英雄行为,我就分析出三条原因,受到大家好评。至于分析的具体方法,我一般运用这三个法宝:一是客观。带着主观主义的有色眼镜,是分析不出经得起考验的结论的。这就是我们常说的存在决定意识,存在是第一性的,意识是第二性的。二是分析问题时,要由现象到本质,由个别到一般。一定要注意由感性上升到理性。因为感觉只解决现象,理性才解决本质。三是一定要善于运用"去粗取精,去伪存真,由此及彼,由表及里"的十六字诀。这个很灵,实际上是"剥皮法",一层一层地剥,把粗的剥掉,留下精华;把伪的剥掉,留下真实;由这边分析到那边;由表面分析到本质。经过这么三个环节,分析出的结论八九不离十,一般误差不会超过 3%。

以上几点,很不成熟,就算我班门弄斧,抛砖引玉吧。

老赵说:郑兄今天交底了。我觉着最重要的是养成分析的习惯,遇到问题先分析。我再补充一点,在分析过程中要抬杠。抬杠就是争论,许多事情越争越明。

老康说:老赵你这"杠子头",三句话不离本行。真是江山易改,本性难移呀!

打人不打脸,骂人不揭短

参加龙门阵的几位角色差不多都到了,就差老罗。有人刚说,老罗不会病了吧?说曹操,曹操到。今天的老罗,与往常不同,他来后就一个劲地笑,而且笑的停不住。

老张说:人逢喜事精神爽。你老罗是捡了大钱了,还是要再给我们娶个嫂子?(他老伴儿走了好几年了)不然不会这么高兴。

不管怎么说,老罗还是笑。大家说:你看人家说相声的、演小品的,逗的全场观众笑得前仰后合,但人家不笑。你这是笑场呀!

老罗一边笑一边说:我昨晚看了一个视频。最近俄罗斯举行了互扇耳光大赛,选手们个个被打得鼻青脸肿,全场观众看得特别过瘾,看上去选手们也非常开心。因为这种比赛我过去不仅没看过,而且连听也没听说过,所以把我笑翻了,昨晚连做梦我都在笑。

老赵说:这有什么好笑的。常言道,打人不打脸,骂人不揭短。连封建社会的刑法中,有用板子打屁股多少下的,也没有抽嘴巴多少下的。《红楼梦》里的贾政把贾宝玉的屁股都打烂了,也不抽一下嘴巴。

老王说:唉,老赵这一说倒提醒了我,为什么打人不打脸,骂人不揭短?

我说:我分析,人身体的各个部件,经常露在外面的只有脸。咱们看,头上戴着帽子,身上穿着衣服,脚上穿着袜子和鞋。春夏秋冬一丝不挂的就剩下脸。前些年有些明星爱露出肚脐眼,人们嘲笑她们这是三只眼看世界。现在露肚脐眼的也不多了。所以,脸是人的门面。人有脸,树有皮,打脸就是最不给别人面子了。而且,自己也最重视自己的脸面,假如一个不要脸了,或者变成二皮脸了,那太悲哀了。

老王说:我再补充一点,从某种意义上说,人与人的重要区别之一,就在脸上。其实人与人相比,身上长的都差不多。颜值高低之分关键就在脸上。看一个人长得是否漂亮,首先也是看脸,回头率高不高,关键也是看你是否长了个漂亮的脸蛋。不少人花大钱去美容,容是什么?也主要指脸,是在脸上做文章。所有这些都说明,脸面的重要性,打人不能打脸。

老张说:既然说到打人不能打脸,为什么骂人不能揭短,我也说几句。每个人有其长,必有其短,也有自己的隐私。骂人可以,但不要揭人家的短,要给人留情面。所以,民间一直流传着这样的话:和尚面前不骂秃,瘸子面前不说短,胖子面前不提肥,猪八戒面前不言丑。

老康说:人是要脸的。脸是不能打的。人而无脸,不知其可。但人家俄罗斯有俄罗斯的风俗习惯,有人家的自由。既然人家感到互扇耳光比赛好玩,咱们也管不着,就让人家扇去。只要咱们不互扇耳光就成。

团结就是力量

老赵一上来就抢着说：我永远不会忘记 2018 年的 7 月 6 号这个日子。这是美国四十五届总统正式向我国打响贸易大战的日子。《孙子兵法》说：知己知彼，百战百胜。我还记得毛主席身边的人员问毛主席，当时蒋介石力量那么强大，您是怎么打败他的？毛主席说，我太了解他了，他一撅屁股，我就知道他拉什么屎。

老姜说：由此可见，我们对向我国打响这场贸易大战的"总指挥"要有足够的了解。

我说：此人做买卖，主要从事房地产。其间有成功，也破过产。他出人意料地当上总统后，因为他没从过一天政，所以他仍然把美国当成一个大公司来管理。他没有当总统之前写过一本书，名叫《做生意的艺术》。他的最深刻的体会是，做生意就四个阶段：第一个阶段，提出惊人的目标。第二个阶段，进行大肆宣传。第三个阶段，决策反复摇摆。第四个阶段，获得直观的结果。

老王说，他还有一段更形象的自我写照："提一个远高于预期的条件，让对手无从下手——反复无常的变化给对手施加压力——给出次优条件让对手急于接手了事——达到最初想要的结果。"他现在在中美贸易战中，所采用一切手段，所做的一切表演，似乎全在他的这个自我写照中。因此，对这个人，我们要有充分了解,他一撅屁股,我们就知道他拉什么屎。

至于我们如何应对这次贸易大战,有人用《国歌》中的那句话:"中华民族到了最危险的时候"。我觉着是有危险,但还不到最危险的时候;应该看到,我国现在的国力与抗日战争初期相比,简直不可同日而语。因此,轻敌与悲观失望都是不对的。

老赵说:这些天我看到各路专家为了应对这场贸易大战,开了不少药方。有怎么打蛇打七寸的,有粮食方面的,有金融方面的,有联合其他国家形成统一战线的。但是,我认为最最重要的是,搞好我们国内的事情,理顺人心。提高我国人民的生活水平,各级领导冲在第一线解决各种矛盾,而不是绕着矛盾走。须知:得人心者得天下。水能载舟,也能覆舟。人心齐,泰山移。只要全国上下拧成一股绳,任何力量也别想打垮我们。

纵观世界,能打垮中华民族的人还没生出来,也永远生不出来!

第五章 向名人们借脑子

论《毛泽东读书笔记精讲》之读书

老康说：这些天咱们的聊天一直没离开特朗普披挂上阵挑起的对我国的贸易制裁。我国政府有关部门强烈反击之后，特朗普语无伦次了，我对他那些心电图式的签名，看到就反胃。我建议咱们今天的龙门阵，不谈特朗普好不好？

老赵说：我完全赞成老康的意见。老郑，你前些天说，你正在研读一部巨著，能否给大家谈个大概，也和我们分享一下。

我说：我现在看的这部书共四大卷，书名叫《毛泽东读书笔记精讲》。该书是由陈晋同志主编，由广西人民出版社出版的，第一卷为战略卷，第二卷为哲学卷，第三卷为文学卷，第四卷为历史·附录卷。咱们都是毛主席的老战士，都知道毛主席爱读书。读书成为他生命的一部分，但是他一生究竟读了多少书，采取什么方式读书，我们是不知道的。毛主席去世后，他在中南海的故居曾有一段时间对外开放，我去参观过两次。进去后一个最突出的感觉是毛主席家里到处都是书，他家有一个大屋子全是书架，放满了书，他睡的那张超大的木板床上，有三分之二被书"占领"。当时，我真想看看他老人家读的是些什么书。但是有规定：只准看，不准摸。这下好了，陈晋等同志干了一件功德无量的大好事。说实话，不是一般人能完成这个任务的。能干这件好事，起码必须具备三个条

137

件:第一,有能接触这些书的资格和条件。第二,有驾驭这些书的水平。第三,有一种超强的毅力。

老王说:这么好的书,可惜我们都是八九十岁的人了,眼睛花得不行了,你老郑虽然也八十七岁了,但现在耳不聋眼不花,请你时不时地给大伙介绍一二好吗?我说:当然可以,但你们得轮流请我喝酒。大家说:没问题小菜一碟。

接着,我开始摆龙门阵了:你们知道毛主席一生看了多少书吗?据陈晋在序言中介绍,大约有一万余种,十万册左右。他在1939年说过这样的话:"如果再过十年我就死了,那么我就一定要学习九年三百五十九天。"毛主席还说过:"学习一定要学到底,学习的最大敌人是不到'底',自己懂了一点就满足了"。陈晋说,像毛泽东那样酷爱读书,并且读有所得,得而能用,用而生巧的革命家、战略家和理论家,非常罕见。毛泽东读书不是为读而读,而是为了树信仰、求知识、促实践、养心智、达情意。毛泽东读书始终求一个"活"字。就是把书本知识转化为认识,把认识转化为智慧,把智慧转化为能力,把能力转化为实践,进而在实践中有所创造,从掌握知识到实践创造,体现了从主观到客观、从认识世界到改造世界的逻辑过程。陈晋还介绍了在学习过程中,必须有"三根柱子"来支撑。第一根柱子叫"无信不立",所谓信,就是信念、信仰、信心。第二根柱子叫"无学难为",所谓学,就是学问、认识、本领。第三根柱子叫"无实必败",所谓实,就是实际、实践、实事。总之,这套书的主编陈晋同志为这四卷书写了一篇非常好的序言,我真舍不得全部分享给你们。

老姜说:在贸易上搞保护主义吃不开,老郑,在学习上也不能搞自我保护主义呀!

我说：那好，我们就搞互惠双赢吧，我给你们介绍书，你们请我喝酒。

老王说：今天就到此为止，请听下回分解！

论《毛泽东读书笔记精讲》之"鬼"

"杠精"老赵说：毛主席为什么认为鲁迅是第一圣人，孔子是第二圣人？他老人家为什么对他们这样定位，这个问题我琢磨了一晚上，我得出的结论是：处在革命时期，人们一般都喜欢鲁迅。而处在和平建设时期，人们一般都喜欢孔子。

老赵此言一出，大家都处于沉思状态。几分钟后，老康说：赵兄今天嘴里吐出象牙来了。老赵反应极快，马上说：你骂我？老康笑着说：我并没带"狗"字呀！你吃什么心！大家哈哈一笑，转了话题。

我说：在陈晋主编的《毛泽东读书笔记精讲》文学卷中，毛主席让何其芳编了一本《不怕鬼的故事》。你们说世界上到底有没有鬼？自古以来，就存在着有神有鬼论与无神无鬼论的斗争。阴阳学说认为，既然有昼就有夜，有高就有矮，有朋就有敌，有真就有假，有上就有下，有男就有女，有动就有静，有表就有里，有生就有死，一句话，既然有阴就有阳，当然，也就有人就有神和鬼了。我国古代大文学家蒲松龄先生还写了一本《聊斋志异》，这本不朽之作，就是专讲各种鬼的故事。

我看到大家听得很入迷，便趁热打铁又讲了一段：我感觉毛主席是承认有虚拟的"鬼"存在的，否则，他不会提出我们要不怕鬼。毛主席说："世界上有人怕鬼，也有人不怕鬼。鬼是怕它好呢，还是不怕它好？中国的小说里有一些不怕鬼的故事，我想把不怕鬼的故事、小说编成一本小册子，让大家看。经验证明鬼是怕不得的，越怕鬼就越有鬼，不怕鬼就没有鬼了。"毛主席又说："对于鬼，除了战略上藐视，还要讲战术上重视。对具体的鬼，对一个一个的鬼，要具体分析，要讲究战术，要重视。不然，就打不败它。"

老姜说：毛主席讲的真好，对我们现在面临的形势，极有现实指导意义。我们要实现全面小康，要实现中华民族的伟大复兴，在国际和国内都会遇到各种各样的"鬼"。我们要发扬不怕鬼的大无畏精神，敢于与各种大大小小的、以各种面目出现的鬼进行坚决的针锋相对的斗争。但是，我们在战术上要重视这些鬼，在斗争的过程中，特别要讲策略，要讲究斗争艺术，要掌握有理有利有节的原则，不能蛮干。

老赵说：让一切鬼统统见鬼去吧！

论《毛泽东读书笔记精讲》之门道

老王说：郑兄，我也看书，你也看书，当然我看的没有你多，但是我总觉着同样的一本书，到你手里与到我手里不一样。分析问题时，你善于用书上的观点，谈话时你能用书上的故事，写文章时你能摘引书上提供的精彩语句。这是为什么？

我说：在民间有句话，"会看的看门道，不会看的看热闹。"门道就是方法。对一个人来讲，在学习中、工作中、生活中，一定要不断解决方法问题。方法问题解决了，就能一通百通。起初，我读书时，也是把功夫下在死记硬背上。后来，两位伟人的话点拨了我，使我豁然开朗。一位是列宁，他说马克思的《资本论》中所引用大量材料都过时了，我们看《资本论》主要是学习马克思分析资本主义生产方式的方法。这种方法永远不会过时。另一位是毛泽东，他在一次谈话中说，学习要把主要精力放在分析问题和解决问题的方法上。老王兄，咱们想一想，如果通过学习，获得了分析问题和解决问题的方法，岂不拥有了认识世界和改造世界，包括改造我们自己的本领。

老姜说：这么重要的读书窍门，老郑，你怎么不早讲？

我说：我怎么没讲，我的几十万粉丝可以为我作证，我不厌其烦地讲过几十次，遗憾的是，许多人不重视，当耳旁风。例如，最近咱们聊得最多的陈晋主编的这四本《毛泽东读书笔记精讲》,我拿到这套书后,不是单读这套书的具体内容,而主要是学习毛主席的学习精神与学习方法:在我们党内活到老学到老的人相当多,但毛主席当之无愧的是活到老学到老的第一人,可以说书伴随了他的一生,直到生命的最后时刻,已经说不出话了,还示意身边的工作人员给他拿某一本书。我们的大脑与毛主席的大脑简直无法相比,我们有什么理由不好好读书呢?再者,毛主席有许多非常好的读书方法,他将广读与精读相结合,他认真写读书笔记,画重点,写眉批,有些书读了几十遍,甚至上百遍,温故而知新。他学以致用,把学到的东西和自己的创作、演讲、谈话,紧密地结合起来。他极其善于联想,举一反三,甚至可以把孙悟空与反官僚主义结合起来。他善于用学到的东西,结合自己面临的实际,指挥战争、指导工作。他以书会友,经常将好诗、妙文向他的战友们进行推荐,交流心得体会。他以书育人,用书教育自己的子女,等等。这种刻苦学习的精神与丰富多彩灵活多样的学习方法,才是我们要重点学习,并且化为我们自己行动的最珍贵的东西。

老赵说:我看到我的孙子写作业那么费劲,考试就是死记硬背,看书这本还没看完,又看另一本,现在可好,书也不看了,有空就玩手机。老郑今天讲的这些让我很受启发,我一定把郑爷爷说的这些话转告给我的孙子,让他好好读书,把主要精力放在解决"门道"上。

连老赵都服了,别人还有什么话说,大家都处于沉思之中。

论《毛泽东读书笔记精讲》之白居易

我们几位老人的龙门阵一上来,九十岁的老康就提出一个问题:你们说人活得长好,还是短好?

老赵马上说:你这话问的简直是废话,你难道没听说过在社会上流传着两句话嘛,一句是"好死不如赖活着";另一句是"只要还有一口气,月月能拿人民币"。就像咱们这些从战争年代,把脑袋别到裤腰带上从炮火中爬过来,现在八九十岁还活着的人,人们都说是幸存者。这样的人群,只有减法没有加法,越来越少,成了宝贵财富,快成稀有动物了。

我说:不管什么话,只要从你老赵嘴里出来,准变味。人究竟活得长好,还是活得短好,这个问题要具体分析。在陈晋主编的《毛泽东读书笔记精讲》一书中,毛主席多次引用过白居易的那首诗:

> 赠君一法决狐疑,不用钻龟与祝蓍。
>
> 试玉要烧三日满,辨材须待七年期。
>
> 周公恐惧流言日,王莽谦恭未篡时。
>
> 向使当初身便死,一生真伪复谁知?

毛主席认为,这就是历史学家说的"盖棺论定",就是说人到死的时候,才能断定他是好是坏,假使周公在那个对他谣言流传的时候就死了,人家一定会加他一顶"奸臣"的帽子;又如王莽在他谦恭的时候死了,那后人一定对他会赞不绝口。但是,毛主席对一些英俊天才人物死的太早,表示惋惜。他提到的人有王勃,死时才二十八岁;贾谊死时三十岁有余;王弼死时才二十四岁;李贺死时才二十七岁;夏完淳死时更小,才十七岁。"都是英俊天才,惜乎死得太早了!"由此可见,死得早好,还是晚好,要具体分析,就看是什么人了。

老王说:谁都希望长寿,长寿,再长寿,但是更重要的是看活的质量,而不在于数量。像我们这些长寿老人,关键是提高生活质量,活到老,学到老。处处为晚辈们做好榜样,不能为老不尊。有所追求,为社会发挥点儿余热。加强锻炼,保持健康,不为子女和社会添麻烦。真到要走的那一天,走得干脆利索,不拖泥带水,腿一蹬,眼一闭,顺着烟囱,直上青天。

论《毛泽东读书笔记精讲》之鲁迅

在陈晋主编的《毛泽东读书笔记精讲》第三部文学卷中,有相当大的篇幅介绍了毛主席对鲁迅先生的厚爱和极高的评价。

老王说:毛主席说过:"鲁迅是向着敌人冲锋陷阵的最正确、最勇敢、最坚决、最忠实、最热忱的空前的民族英雄。"难道还有比这更高的评价吗?

我说:毛主席在延安时讲过一次话,专门论鲁迅,在这个讲演中,他说:"鲁迅是中国的第一圣人,中国的第一圣人不是孔夫子,也不是我,我是圣人的学生。"毛主席在多个场合说过,我就是爱读鲁迅的书,他的心和我们的心是相通的。

老王说:我在一篇文章里看到,在紧张的战争间隙,毛主席还抓紧时间读鲁迅的小册子,常常读到深夜,真是废寝忘食。后来《鲁迅全集》出版了,他收集的不同版本的全集,就有三种。毛主席更爱看鲁迅的杂文,他认为这些杂文篇篇是刺向敌人心脏的匕首,而且没有片面性。鲁迅对红军长征,对毛泽东本人也非常崇敬,他在上海还秘密会见陈赓将军,听取他关于红军长征的介绍,并且准备写一部关于红军二万五千里长征的书,后因身体状况实在不好,没能动笔。红军胜利到达陕北后,鲁迅还写了祝贺信,并送去一些腊肉。

老赵说:我在一个材料上看到,鲁迅先生在上海逝世后,毛泽东与蔡元培、宋庆龄、内山完造、沈钧儒、萧三、曹靖华、史沫特莱、茅盾、胡愈之、胡风、许寿裳、马相伯等十五人还是治丧委员会的成员。

毛主席与鲁迅的故事说不完。今天到这,回家喝粥!

论《毛泽东读书笔记精讲》之续范亭

　　龙门阵的最大特点就是，自由自在，无边无际，轻松愉快，畅所欲言。可以互相欣赏，也可以为某个观点抬杠。有时大家争论的脸红脖子粗，但不伤和气，起到很好的"话疗"效果。

　　我说：你们这些老伙计们，知道不知道我们山西原平市出过一位名叫续范亭的大人物吗？我用眼睛瞟了他们一下，全是"吃货"，个个大眼瞪小眼。我想，不知道就好办，我开始给他们扫盲。

　　我说：续范亭先生早年加入孙中山先生的同盟会，辛亥革命后在国民军任职，1935 年因痛恨国民党政府腐败与卖国投降行为，一气之下，到南京中山陵剖腹自杀，被人及时发现，获救。他之后到山西新军任总指挥，又任晋绥边区行政公署主任。1941 年夏因病到延安疗养，这期间他与毛主席多次交谈和通信，他对毛主席非常敬仰，佩服得五体投地。陈晋主编的《毛泽东读书笔记精讲》一书的文学卷中，收录了一首续范亭歌颂毛主席的诗：

> 领袖群伦不自高，
> 静如处子动英豪。
> 先生品质难为喻，
> 万古云霄一羽毛。

续范亭把他写的这首诗与另一篇颂扬毛主席的文章寄给毛主席，征求毛主席的意见，并且表示要公开发表。而毛主席把他的作品压了好长时间，后来在回信中毛主席说："夸得过高、过实了"，"我把它当成我的座右铭和修省录，但无论如何不要公开发表"，"发表不好"。

老王说：我还听说过一个故事：1940年与1941年在陕甘宁边区发生了两次雷击事件，一次是农妇伍兰花的丈夫被雷击死；另一次是一个农民家的毛驴被雷劈死。雷击事件发生后，农民骂："老天爷不长眼，你咋不打死毛泽东？要打死我们家的驴？"用如此恶毒的语言，咒骂领袖这还得了！保卫部门得知后，把这两个农民捆起来，准备重处。这事毛主席知道后说，骂人又不犯法，骂人也是提意见的一种方式嘛，老乡这么骂我，说明我们的工作存在错误和问题，需要问清楚人家为什么骂我。经了解，农民是嫌征粮过重，借雷击事件发泄不满。毛主席指示，把骂他的农民放回家，并且决定在陕甘宁边区大力开展军民大生产运动，自力更生，丰衣足食，从而大大减轻了农民负担，得到人民群众的衷心拥护。

老赵说：原来郭兰英大姐那首歌唱南泥湾大生产的、久唱不衰的歌，和这两次雷击事件还有些关系。由此可见，永远保持谦虚谨慎，善于倾听群众呼声的重要性。

大家说：这是我们胜利的源泉呀！

论《毛泽东读书笔记精讲》之张天翼

这次龙门阵一上来,老张就问我:听说你家老大郑渊洁,今年从事创作四十年了,他一开始就写童话吗?

我说:他发表处女作时二十三岁,一晃四十年过去了,今年都六十三岁了。如今我也老的不行了,再过三四年我就九十岁了。他开始是写诗,发表了几十首诗后,他感觉写不过人家,就换写小说;短篇小说也发表了十几篇,他还是感到写不过人家,就改写童话。这一下好像找到了自己的最佳才能区,一发而不可收,像井喷似的写了上千万字,并塑造了家喻户晓的皮皮鲁、鲁西西、舒克、贝塔、罗克等童话人物形象。

老王说:我在一篇文章中看到,有人问他,你最崇敬的童话作家是谁,他的回答是张天翼。是这样的吗?

我说:不错。他认为张天翼先生的童话想象力丰富,生动有趣,幽默之中蕴含着深刻的含义,在相当一段时期内,独领风骚。张先生病后,他去府上看望过。张先生逝世后,他又去八宝山向先生遗体告别。为了纪念张先生一百周年诞辰而出版的《张天翼全集》,就是由郑渊洁作的序。说到这里,我联想到在陈晋主编的《毛泽东读书笔记精讲》一书中,毛主席也很欣赏张天翼。

老张说:张天翼先生是我的本家,五百年前我们是一家,他著的《大林与小林》《宝葫芦的秘密》我也看过，非常喜欢。但是，我还是头回听说连毛主席也喜欢他的文章。这是怎么回事？请你给咱介绍一下。

我说：在《矛盾论》中，毛主席就谈到过神话或童话与现实世界的同一性问题。1954年，张天翼先生写了一篇《〈西游记〉札记》的长篇文章，刊登在《人民文学》上，毛主席认真读了这篇文章，并对以下观点极为赞同：《西游记》为什么写魔头孙悟空闹了一阵天宫后又失败了，并且归顺而修成"正果"了呢？其实，究竟闹出个什么局面，起先连孙悟空也糊里糊涂，直到如来佛问起他，他才想到玉皇大帝的尊位——"只叫他搬出去，将天宫让与我，便罢了"。可见，即使孙悟空成功了，也不过是把玉皇大帝改成姓孙，就像刘邦、朱元璋通过农民起义而登上龙位一样。有两条路摆在孙悟空面前：或者是像赤眉、黄巾、黄巢、方腊他们那样，被统治阶级血腥镇压；或者像《水浒传》里所写的宋江那样，接受招安。《西游记》里的孙悟空也走了后一条路。

老王说：咱们的龙门阵海阔天空，无拘无束学无止境。学问真是越学越多，越学越深呀！

论《毛泽东读书笔记精讲》之《盘中诗》

　　近几天,我们龙门阵的文化元素越来越浓。我问大家,你们谁能说出古诗的诗牌吗? 老王说:这难不倒我,有七律、七绝、七言、五律、五绝、五言等。

　　我说:在乐府诗中,还有个《盘中诗》你们听说过吗? 我看他们都大眼瞪小眼。老张说:《盘中诗》,难道是写到吃饭盘子中的诗? 我说:正是。在陈晋主编的《毛泽东读书笔记精讲》中,收录了毛主席向他的儿媳妇邵华推荐,要好好细读《盘中诗》。这种诗确实是写到盘子中的。现在我把这首《盘中诗》全文抄录如下:

　　　　山树高,鸟啼悲。泉水深,鲤鱼肥。空仓雀,常苦饥。吏人妇,会夫稀。出门望,见白衣。谓当是,而更非。还入门,心中悲。北上堂,西入阶。急机绞,杼声催。长叹息,当语谁? 君有行,妾念之。出有日,还无期。结巾带,长相思。君忘妾,未知之。妾忘君,罪当治。妾有行,宜知之。黄者金,白者玉。高者山,下者谷。姓者苏,字伯玉。人才多,智谋足。家居长安身在蜀,何惜马蹄归不数? 羊肉千斤酒百斛,令君马肥麦与粟。今时人,智不足。与其书,不能读,当从中央周四角。

老姜说:这首《盘中诗》写的真叫棒,我曾与我老伴儿长期分居过,苏伯玉把与丈夫两地分居的苦闷,淋漓尽致地刻画出来了,我深有体会。这首诗的文学价值也高,连毛主席都认为这是一首要"熟读"的好诗。

老赵说:要不说都愿意让家属随军呢!

论《毛泽东读书笔记精讲》之《观沧海》

我们的龙门阵,天天换话题,生动活泼,丰富多彩,知识性强,风格高尚。前一篇还在聊《盘中诗》,现在又要谈曹操。

我说:小的时候就听大人们讲,老不看三国,少不看水浒。因为三国是斗智的,老年人本来就老奸巨猾,越看越奸,越看越滑;水浒是宣扬造反的,年轻人本来不安分,越看越想上梁山。

平时爱读书的老王说:罗贯中写三国时,其倾向性还是比较大的,他把爱与同情更多地给了刘备、关羽、张飞和诸葛亮,把曹操基本上写成反面人物,所以,各种人物形象汇集在一起,曹操在人们的印象中,就是个白脸奸臣。

"杠精"老赵说:这是曹操咎由自取,谁让他标榜"宁教我负天下人,休教天下人负我"(意即:宁让我对不起天下人,不能让天下人对不起我);谁让他挟天子以令诸侯……

我说:今天咱不扯对曹操历史地位的全面评价,咱们只谈他在诗歌方面的成就。陈晋主编的《毛泽东读书笔记精讲》中,介绍了毛主席对曹操几首诗的厚爱。曹操的《观沧海》:"东临碣石,以观沧海。水何澹澹,山岛竦峙。树木丛生,百草丰茂。秋风萧瑟,洪波涌起。日月之行,若出其中。星汉灿烂,若出其里。幸甚至哉,歌以咏志。"在这首诗旁,毛主席批写了这么几个大字:"是真男子,大手笔"。曹操的另一首诗《龟虽寿》:"神龟虽寿,犹有竟时。腾蛇乘雾,终为土灰。老骥伏枥,志在千里;烈士暮年,壮心不已。盈缩之期,不但在天;养怡之福,可得永年。"在这首诗旁,毛主席不仅画了许多大大小小的圈,认为是"讲养生之道的,很好",而且还多次把这首诗抄送给他的亲人与朋友。在毛主席看来:"曹操的文章诗词,极为本色,直抒胸臆,豁达通脱,应当学习。"至于对曹操的"对酒当歌,人生几何?譬如朝露,去日苦多。慨当以慷,忧思难忘,何以解忧?唯有杜康""山不厌高,海不厌深,周公吐哺,天下归心"等诗句旁,毛主席都用红蓝铅笔画了许多横线,可见喜欢有加。

老张说:我虽然不太喜欢曹操这个人,但确实喜欢他那些"有吞吐宇宙气象"的诗,咱不能以人废言!

论《毛泽东读书笔记精讲》之《将进酒》

前几年我参加央视《开门大吉》节目时,提出了一个命题:不管多么聪明的人,都要向全世界古今中外的名人借脑子。你们看,毛主席那么天才、那么聪慧的大脑,一生都在孜孜不倦地向全世界的名人借脑子,何况我们呢!我现在攻读的由陈晋主编的这部巨著,它记录了毛主席一生的读书活动。毛主席在读书,陈晋他们几十个人在读书,我们在读书,我们都在借名人的脑子,从而武装自己的头脑,其乐无穷啊!

我接着侃:鲁迅说过,好诗到唐代已经做完。在唐代的众多诗人中,毛主席最崇敬的是李白。李白有首《将进酒》:

> 君不见,黄河之水天上来,
> 奔流到海不复回。
> 君不见,高堂明镜悲白发,
> 朝如青丝暮成雪。
> 人生得意须尽欢,
> 莫使金樽空对月。
> 天生我材必有用,
> 千金散尽还复来。
> ……

在这首诗的标题前毛主席画了一个大圈,在标题后边又画了三个小圈,在天头上写了两个大字:"好诗"。可见他是多么喜欢这首诗。同时,在李白写的:"弃我去者,昨日之日不可留;乱我心者,今日之日多烦忧。长风万里送秋雁,对此可以酣高楼"和"抽刀断水水更流,举杯消愁愁更愁"等诗句旁,毛主席都画上了着重线。可见,他读的是多么认真,欣赏之情难于言表。

老王说:老郑你出版的那本《聊天》一书中,有一篇与李白的聊天,李白是酒仙,你是酒鬼,你们俩面前摆着好几瓶酒,一边喝,一边聊,那段文字看着真叫痛快!我说,在读者的反馈中,都说我与李白的聊天精彩。

老赵说:老郑,李白长什么样?

我说:我哪里知道,我与他聊天只是一种创作方法,千年以上的人了,那时又没相片,谁知道李白长什么模样。从李白自己留下的文字中,他形容自己"身不满七尺,而雄心万丈""天为容,道为貌,不屈己,不干人"。与李白同时代的人说他有"仙风道骨",像下凡的神仙。余光中先生形容李白为:"酒入愁肠,七分化为月光,余下三分呼为剑气,绣口一吐就是半个盛唐。"

今天的龙门阵,因为文化元素丰富,太高级了,我看着几位老伙计都听入迷了,听傻了!

论《毛泽东读书笔记精讲》之《红楼梦》与《金瓶梅》

　　这次的龙门阵，不知为什么大家都不吭声，为了打破沉闷，我挑起了一个话题。我说：每个时代似乎都有自己标志性的带特色的东西，例如，唐朝有唐诗、宋朝有宋词、元朝有元曲、明清有小说。我国的四大名著：《西游记》《水浒传》《三国演义》《红楼梦》都创作于明清两朝。在明清小说中，有两部小说文学价值最高，但存在的争议也最大。

　　老王说：老郑，你指的是《红楼梦》与《金瓶梅》？

　　我说：正是。在这几部小说之中，还有某种连带关系，比如《水浒传》的作者施耐庵是《三国演义》的作者罗贯中的老师，《金瓶梅》一书就是根据《水浒传》中西门庆与潘金莲的故事情节引申而成。如果没有《金瓶梅》，能否有《红楼梦》，也很难说了。所以，我们看任何问题，都要用发展的观点看，用联系的观点看，把前因后果搞清楚。

　　"杠精"老赵开腔了：老郑，你说的看问题要用发展的、联系的观点看的方法，我赞同。但是，你说没有《金瓶梅》就难有《红楼梦》，我坚决反对。《金瓶梅》它有什么文学价值？

　　我说：赵兄，你这是无知加偏见。你平常不是最崇拜毛主席嘛，今天我就拿出他老人家的话，对付你这个"杠子头"。在陈晋主编的

《毛泽东读书笔记精讲》一书中提到,毛主席在一次讲话中说:"你们看过《金瓶梅》没有?这本书写了宋朝的真正社会历史,暴露了封建统治,揭露了统治者和被压迫者的矛盾,也有一部分写得很细致。《金瓶梅》是《红楼梦》的祖宗,没有《金瓶梅》就写不出《红楼梦》。"老赵,你好好听着,你看毛主席把《金瓶梅》当作《红楼梦》的老祖宗,提得多么高!至于你说的《金瓶梅》中露骨的描写性生活的内容,毛主席也说了,他说:"《金瓶梅》的作者不尊重女性"。

老赵说:这些话真是毛主席说的吗?我说:那还有错,谁敢瞎编毛主席的话。老赵不吭声了。

老张说:《金瓶梅》和《红楼梦》这两部书,我家里都有,也都翻过,不知道为什么我拿出吃奶的劲儿,也看不下去。书中写了那么多人物,这些人物之间的那些复杂的关系,看着看着就把我看糊涂了,看睡着了。

老王说:我看过一个资料,有专家进行过统计,《金瓶梅》中写了 567 个人物;《红楼梦》中人物更多,共写了 975 个大大小小的人物,其中男的写了 495 个,女的写了 480 个。如果没有点儿耐心和恒心,确实难以弄清楚并看下去。

老姜出了口长气说:世上无难事,只怕有心人。

献礼《八一颂》

今天是八一建军九十一周年,我也活了八十六周岁了。单位组织老中青三代人在一起联欢,热烈庆祝这个辉煌的节日。我有生以来第一次登台朗诵了一首《八一颂》。我腰杆笔直,声音洪亮,并带着乡音,朗诵结束后,赢得长时间的热烈鼓掌。

今天咱们也轻松一下,请大家对我朗诵的这首《八一颂》打分:

1927年二十九岁的周恩来,
领导的八一南昌起义的枪响,
将地球震动;
三十四岁的毛泽东,
领导的湖南秋收起义的枪声,
把五州唤醒。
中国革命的星星之火,
从此燎原。
共产党领导的人民军队,
从此诞生。
反动派胆战,

帝国主义心惊，

腐朽势力气急败坏，

革命群众热血沸腾。

南昌城头的雨，

井冈山上的风，

大渡河的激浪，

延安城的宝塔，

太行山顶上的古松。

长江有多长，

东海有多深，

喜马拉雅山有多高，

泰山有多重。

在中国广阔的大地上，

人民军队无论走到哪里

到处都撒下革命的火种。

人民军队忠于党，

神州大地传歌声；

为什么军旗美如画？

烈士的鲜血染红了它。

为什么大地春常在？

英雄的生命开鲜花。

忆往昔，

九十一年的光辉岁月

洗刷了一个民族的耻辱，

成就了国家神圣的伟业。

看今朝，

强大的中华民族屹立在东方，

中国特色的社会主义蒸蒸日上。

革命军人，一个特殊的群体

革命军人，一个崇高的职业

一切为了人民，

是这支军队的唯一宗旨

终生保卫祖国

是这支军队的神圣职责。

人民的利益高于一切，

祖国的强盛重于生命。

即使我们脱下了军装，

现在年迈多病：

戴上了老花镜，

安上了助听器，

挂上了拐杖，

坐上了轮椅，

躺在了病床上。

但，

我们永不变色，

因为我们是毛主席的老兵！

毕加索《拿着花篮的女孩》

　　这次我们龙门阵的内容有点儿新鲜，一上来老王就打开手机，让大家看一幅裸体的美术作品。大家赶快戴上老花镜，眼睛几乎贴在手机上看。老姜说：老王，你都九十岁的人了，还有这花花肠子？老赵说：你要从网上下载，也下个好看的，怎么下这样一个难看的。

　　我让他们七嘴八舌地说，等他们说的差不多了，我说：这就显出你们是不懂艺术的土老帽儿本质了吧！我告诉你们吧，这是毕加索的一幅名叫《拿着花篮的女孩》的画，由美国洛克菲勒夫妇收藏。这幅画于本月8日在纽约拍卖了1.15亿美元，折合6.4亿人民币，从而拉开了"世纪拍卖"的序幕。

　　我的这一排子话一出，几位老头都吐舌头。老赵说：值六亿多人民币，若我在街上看到这么难看的画，让我掏六百块钱，我肯定不要。

　　我接着给他们扫盲，一幅画值多少钱，要从这么几个方面看：首先，是画的质量。你看着不好看，不美，但行家认为它的艺术价值极高，咱说了不算，行家说了算。其次要看出自谁的手。要让一般人画出来不值钱，若是出自一位公认的大画家之手，那就很值钱了。再者还要看是谁收藏。洛克菲勒夫妇那是亿万富翁，他们当时买这幅画时肯定也花了不少钱,又收藏了这么多年,更加值钱。然后,毕加索早已故去,洛克菲勒夫妇也已故去,这是绝笔、绝藏,独一无二,不可能再有了。最后拍卖时遇到了一位腰缠万贯的人,对他别说拿一亿多美元,拿几个亿也不在话下,他也不傻,他收藏起来,因为是无价之宝,过些年他一出手,说不定还能拍卖出更高的价钱。

老赵说:你说得再天花乱坠,这张画,我也不喜欢。

老王说:人家也没让你老赵喜欢。你喜欢不喜欢,丝毫不影响这幅画的价值。

莫迪利安尼《向左侧卧的裸女》

最近,参加我们龙门阵的老者越来越多。他们觉着在这个群体里,低级趣味不多,逮住什么聊什么,也挺自由有趣,即使为某个问题抬几句杠也不伤和气,自己阅读有困难,还可以互补,所以引起老哥的兴趣。

我看人到的差不多了,找出手机上的照片让大家看,并问这人是谁?老赵看了片刻,就说这是格瓦拉。老张说:拉倒吧你,连一点儿格瓦拉的影子也没有,老赵你这眼神有问题了吧,要不要去同仁医院做白内障手术?老赵反问:那你认为是谁?老张说:我信奉孔子说的,知之为知之,不知为不知,是知也!还是听老郑说这位是谁吧。

我早就猜出他们不知道,故意逗他们。我说:这位是意大利已故画家莫迪利安尼。

老姜说:前几天你拿出毕加索的一幅画,说是在纽约拍卖了六亿多人民币,今天你又让我们看这位莫迪利安尼,难道此人的画又拍卖出大价钱了?

这时,我再让大家看莫迪利安尼的作品《向左侧卧的裸女》。几个老头眯着眼,看了又看,瞅了又瞅。我问比毕加索的那幅《拿着花篮的女孩》怎么样?老赵说,我看还不如老毕的那幅。那幅虽也不好看，但身体匀称，这幅的上下身条太不相称，上细下粗，屁股那么大，需要减肥。

别看老赵平时爱抬杠，他今天的看法还得到了大家的一致认同。老李也附和着说，大腿这个胖劲，向左侧卧或向右侧卧，都不好看。

等我这关子卖得差不多了，我不慌不忙地告诉大家：这位名叫莫迪利安尼的意大利画家，生前并没出名，他是死后才出的名。他这幅《向左侧卧的裸女》，于 2003 年被一位收藏家以 2690 万美元拍下，十五年后，也就是本月 14 日晚，在美国纽约拍卖出 1.572 亿美元，折合人民币 9.9 亿元。

我一边说，一边发现我的这几位老伙计直吐舌头。但老赵还是坚持他的看法，拍卖多高的价，这么粗的大腿也得减肥。

最后我说：世界之大，无奇不有。我们未知的东西太多了。有人是活着有名，而且名气很大，但死后留不下名。有人是活着没名，死后多年才被世人认可，其作品随着时间的推移，名气越来越大，价值越来越高。这正是：大浪淘沙，真金不怕火炼。是好东西总会留下，伪劣产品总会被时间老人唾弃和淘汰！

孔子的"九思"

　　"杠精"老赵今天的脸色很不好看,太阳穴上的筋鼓得老高,说话时满口假牙都快从嘴里蹦出来了。

　　老张忙问:老赵你老伴儿唠叨你了,还是儿子不听话,怎么把你老兄气成这样?

　　老赵说:我是生美国共和党几个参议员的气,他们竟把孔子学院定性为"外国代理人"。什么是外国代理人?所谓外国代理人,说白了就是外国间谍。孔夫子这一辈子,真是够倒霉的,活着的时候,周游列国到处碰壁,还说他与颜值特高的南子有外遇。死了后,他的弟子们把他平时说的话整理成《论语》,这一下可留下了靶子。拥护者把他捧上天堂,反对者把他打入地狱;在国内如同十五只桶打水七上八下,一会儿说是圣人,一会儿又叫孔老二。不管怎么批评,还好在国内范围。这下可好,到了外国不仅挨批,还被扣上间谍的帽子。若说孙子搞间谍活动,还有人信,因为他主张,知己知彼才能百战百胜,说孔子这个以和为贵,己所不欲,勿施于人的大师及冠其名的孔子学院,从事间谍活动,说破天我老赵也不信呀!难道美国议员的脑子里进水了?

　　老王说:外交部发言人华春莹姑娘,在答记者问时,巧妙地用孔子的话说:"'君子坦荡荡,小人长戚戚'。我们希望那些人能够摒弃过时理念,真正使自己的脑袋和身体一起进入 21 世纪。"小华回答得多么巧妙,多么幽默!

我说:说到孔子,我想给大家说说孔子主张君子每天有九种要思考的事,通常叫"九思":视思明,听思聪,色思温,貌思恭,言思忠,事思敬,疑思问,忿思难,见思义。什么意思呢? 就是看要看的明白,听要听的清楚,脸色要温和,容貌要恭敬,说话要忠厚,做事要认真,有疑问要求教,生气时要顾及后果,见到利益时,要想到是否合乎义理。

老王说:就凭孔子的这"九思"主张,咱们的孔子学院也不是间谍机构。

三国演义

　　现在的国际形势十分复杂,常常让人感到摸不着头脑。但是,你只要掌握一些带规律性的东西,对问题的看法就可以清楚一些。

　　今天我们的龙门阵一上来,我就先声夺人,给老友们讲了一个故事。

　　说的是毛泽东主席在战争时期爱看《三国》和《水浒》,新中国成立后他特别爱看《红楼梦》。有一次在长征途中,红军到达一个地方后,进行短暂休整,毛主席对他的警卫员小王说,你去村里打听一下有否私塾先生,借他的《水浒》和《三国》看看。不一会儿,小王借回了一把水壶,一口锅,人家说了,没有三口锅,只有一口锅。把毛主席都笑出了眼泪。给小王再三交代后,他才借回了《水浒》与《三国》。毛主席到了晚年还与他身边的工作人员讲,他最欣赏《三国演义》开卷明义写的那句:"话说天下大势,分久必合,合久必分。"毛主席为什么喜欢这句话呢?因为它是观察各种错综复杂形势的一把钥匙。你拿这句话去衡量吧,在一个时期,这家与那家亲如兄弟,联合得是多么紧密;过一段时期,不知道为什么闹掰了,像仇人一样,又去与以前的仇人联合起来了,去反对以前的朋友。再过一段时期,这个后联合起来的朋友,又闹翻了,又去与以前反过的朋友联合起来,对付新的对手。纵观人类历史,总逃不过分久必合，合久必分，这个天下大形势，谁也难以逃脱。知道了这个规律，咱们普通人，要善于运用它，去观察形势。你看吧，它总是处在一个分久必合，合久必分的过程之中，因此用不着大惊小怪，更不必惊慌失措。高明的人，则要在这个分久必合，合久必分的大势中，施展自己的聪明才智，高瞻远瞩，洞察一切，运用自如，在分与合之中，使自己立于不败之地，免于遭受重大损失。

"杠精"老赵说：我这一辈子就敬佩毛主席。对毛主席的思想我是不会抬杠的。老郑，你这种用通俗的方式，通过讲故事说明一个大问题的功夫，我真佩服。以后多给大家讲点儿，因为现在的世界，似乎也在上演"三国演义"。

郑渊洁《学会说真正的世界性语言》

老康说：今天是"六一"儿童节，听说你家老大郑渊洁在知识产权出版社新出版了一本《童话都不敢这么写》的书，近水楼台先得月，能否向我们介绍下这本书的内容，我们也好当"二道贩子"，向我们孙子辈的人加以"传销"。

我说：恭敬不如从命。过去郑渊洁出版的绝大部分是童话书，他举办过很多次演讲，通过这些演讲，他介绍了自己的写作经历，经验体会，教育孩子的方法，以及对各种问题的看法。前不久出版了一本精装的《原创七宗罪》(郑渊洁演讲集的中英文版)，但是只印了几百本珍藏版。这次的演讲集《童话都不敢这么写》全是中文，增加了好几篇新的内容，收进了他在我国外交部的演讲等。

老赵说：郑兄，我想知道郑渊洁在外交部讲了些什么，能否重点加以介绍？

我说：老赵发命令了，我哪敢不从，要不，一杠子下来还不弄我个"骨折"，伤筋动骨一百天，我哪受得了。好吧，我就重点说说这次他讲了些什么。

郑渊洁应邀于 2018 年 2 月 13 日去外交部做了一次演讲。演讲的题目是《学会说真正的世界性语言》。这次演讲原定在外交部能容纳两百人的蓝厅举行，因报名听讲的人太多，临时移到外交部能容纳千人的国际会议厅举行。

老姜说:外交部那是什么单位,藏龙卧虎之地,人才济济,快说说郑渊洁到底讲了些什么?

郑渊洁说:学校教给孩子知识,但是不太教孩子怎么和人交往,一个人会不会和人交往,很重要。人和人交往主要靠语言,语言有两种, 一种能让交往的对方立刻对你感兴趣并喜欢和你交往,另一种语言能让交往的对方感觉和你交往没有意思、无聊、味同嚼蜡、索然无味。换句话说,第一种语言属于说人话,第二种语言属于不说人话。真正出色的人,都是能把听不懂的话往听得懂了说,把复杂的道理往简单了说。深入浅出,寓教于乐,娓娓道来。不是只有儿童爱听故事,适合听故事,所有年龄层的人都喜欢听别人用叙述故事的方式讲世界上任何事情, 包括政治、军事、法律、科学、经济,等等。如果一个人能使用讲故事的语言方式和他人交流,这个人就容易被大家接受,无论是他这个人还是他的观点。作为家长,应该意识到让自己的孩子拥有和他人交往时使用讲故事的语言方式,这就相当于您的孩子拥有了人生制胜的一个法宝,一种魔法。因此,我认为真正的世界性语言不是某种外语,而是会使用讲故事的方法说话,不管你使用哪种语言。

在演讲中,郑渊洁还说:家长和孩子相处,家长的定位无非有三种:第一,家长将自己定位为孩子的父母、长辈、管理者、师长。第二,家长将自己定位为孩子的朋友。第三,家长将自己定位为孩子的学生。有家长可能会说,前两种定位还算正常。第三种定位,也就是家长将自己定位为孩子的学生,孩子反客为主成为父母的老师,用郑渊洁的话说,岂不是连童话都不敢这么写?我认为家长应向孩子学习,这对于培养孩子的尊严意识非常好。有尊严的孩子做事自信,遵守游戏规则,价值观正确,远离坑蒙拐骗。我有了孩子后,就将自己定位为孩子的学生,向孩子学习,在家里,我要求孩子对我直呼其名,我在皮皮鲁讲堂讲课,规定所有孩子叫我郑同学,我管所有孩子叫张老师、李老师、王老师。生了孩子后,不向孩子学习,只想着怎么教孩子、管孩子,如同深入宝山,空手而归。

老张说:你大小子讲的这些对传统观念,都有颠覆性。我虽然年纪快九十岁了,但我觉着很有道理,并能接受!

伯利克里《我们是战无不胜的》

老赵说：咱们的龙门阵给美国总统特朗普先生摆了十四个第一，人家才当了一年多总统，就获得美国媒体提供的十四个第一，若一届四年当下来，真不知道能创造多少个第一；特朗普总统争取连任的班子已经搭起架子了，他要连任成功，所获得的第一那还不多了去。对这些第一，我已不感兴趣了，咱们的龙门阵，能否换个话题。

我说：2003 年元月 29 日，我买了一本《世界最著名名人演讲录》，这本书我看过不下八十次，从今天开始，我把书中最有意思的内容向各位介绍一二，咱们的脑子已经老化了，也应该向全世界的名人借点儿脑子，以促使咱们的老脑子来个枯树开花。

老王说：太好了，这叫一人读书，众人受益。咱们大家最好不要插话，洗耳恭听。

我说：大约公元前 495 年，在雅典有位名叫伯利克里的伟大政治家，他有一个题为《我们是战无不胜的》的演讲。在这个只有千把字的演说中，他说，斯巴达人对我们一直图谋不轨，跃跃欲试，双方存在的纠纷再也不能采取协商的方式来解决，而是"一味横行霸道，不再婉言相商了"。他们甚至为一些芝麻小事，给我们提出许多无理要求，"诸位若屈服于这些要求，更大的要求将接踵而来，因为此例一开，就得永远俯首听命了"。在忍无可忍的情况下，我们必须开战。"假使我们心甘情愿地供人役使，敌人将肆无忌惮地压迫我们。最大的荣誉来自最大的危险，这句话对国家和私人都适用。我们的祖先曾不顾一切地抵抗米底亚人，他们没有我们今天所拥有的资源，甚至他们还得放弃已有的一切，他们用商议而不是运气，用勇气而不是武力打败了野蛮人。他们开发了这些资源，才奠定了我们今天的地位。因此，我们依仗着自己的资源，也必然可维持不败；我们必须尽可能地驱逐走我们的敌人，尽力继承我们祖先的力量，并将这一伟大精神毫不逊色地传之于后代。"

老姜说：在两千多年前，这位伟大的外国政治家就告诉人们一个道理：敌人都是图谋不轨的，都是横行霸道的，都是得寸进尺的，都是提很多无理要求的，如果在这些无理要求面前屈服，更多更大的无理要求就会接踵而来，你就永远俯首听命了。"最大的荣誉来自最大的危险"，因此，必须进行针锋相对地斗争。

伯利克里《在阵亡将士国葬典礼上的演说》

我说：白求恩的那篇演讲，经过咱们介绍之后，二十多万网友看了异口同声地说，不仅没有看过这篇讲话，而且连听都没听说过。什么是新东西？在一定意义上说，自己不知道的东西都是新东西。例如，白求恩大夫这篇演讲，已诞生八九十年了，但是，大家却第一次知道白求恩还有这么一篇极好的、有远见的讲话，对我们来说还是新东西。可见，货真价实的真理是不分时空的，是常学常新的，是不会变旧的。今天，我要向大家介绍古雅典大政治家伯利克里的《在阵亡将士国葬典礼上的演说》。

我瞥了一眼，看到我的几位老伙计的"接收天线"（耳朵）都竖起来了，我的龙门阵就开始摆了。

我说：伯利克里在演说中提出了一个很重要的观点："颂扬他人，只有在一定的界限之内，才能使人容忍；这个界限就是一个人还相信他所听到的事实中，有一些是他自己也可以做到的。一旦超出了这个界限，人们就会产生嫉妒和怀疑了。"要警惕无休无止的、超出一定界限的吹捧，既要防止棒杀，也要防止捧杀，对有几种人要做到心中有数。一种是心服口服的人，一种是心服口不服的人，一种是心口都不服的人，还有一种是心不服而口甜的人。对这种巧言令色、口惠而实不至、变着花样吹捧的人，人们一定要特别提高警惕。因为它已经引起人们的"嫉妒和怀疑"了。

看见我的这些老哥们儿直点头,我接着说:伯利克里在演说中还有一段非常精彩的论述:"我们爱好美丽的东西,但是没有因此而至于奢侈;我们爱好智慧,但是没有因此而至于柔弱。我们把财富当作可以适当利用的东西,而没有把它当作可以自己夸耀的东西。至于贫穷,谁也不必以承认自己的贫穷为耻;真正的耻辱是不择手段以掩盖贫穷。"

老王说:一位比我国的孔子还年长上百年的人,竟然能说出这么深刻的话:钦佩,钦佩!

我说:值得钦佩的内容还有很多,例如,他认为:"一个不关心政治的人,我们不说他是一个注意自己事务的人,而说他根本没有事务";"最坏的是没有适当的讨论其后果,就冒失开始行动";"真的算得上勇敢的人是那个最了解人生的幸福和灾患,然后勇往直前,担当起将来会发生的变故的人";"结交朋友的方法是给他人以好处,而不只是从他人方面得到好处"。

老赵说:不得了,一位生于公元前 429 年,比我国秦始皇还大236 岁的人,竟然能说出如此深刻的话,现在看也很妥切。

我看"杠精"老赵都佩服得五体投地,我又补充道:这位大政治家在演讲中还批评了有些人认为,这些牺牲了的英雄身上有缺点,不值得尊敬,有的人还从鸡蛋里挑骨头,甚至对他们进行侮辱,他说:"无疑地,他们中间有些人是有缺点的。但是我们应该记着的,首先是他们抵抗敌人、捍卫祖国的英勇行为。他们的优点抵消了他们的缺点,他们对国家的贡献多于他们在私人生活中所做的祸事。"更加了不起的是,伯利克里说:英雄们最灿烂的坟墓不是安葬他们遗体的地方,而是他们的光荣永远留在人们心中。整个地球是他们的纪念物,"他们的英名是生根在人们的心灵中,而不是刻在有形的石碑上。你们应该努力学习他们的榜样。你们要下定决心:要自由,才能有幸福。要勇敢,才能有自由。"

老姜关心地问:他关于老年人有什么言论吗？我说:在这篇演讲中,我看到有这么一句:"只有光荣感是不受年龄的影响的。当一个人因年龄而衰弱时,他最后的幸福,不是如诗人说的谋利,而是得到同胞的尊敬。"

老张说:回家喝粥的时候到了,以上内容也需要仔细消化,渴望郑兄明天给咱们马拉松式地接着往下摆。

马克思《共产党宣言》

　　龙门阵一上来,我就说:老伙计们,你们的记性都差了,有件事我再提醒大家一下:马克思生于 1818 年 5 月 5 日,再有三天就是他诞辰两百周年了,为了用实际行动纪念马克思,我建议大家把他和恩格斯合著的只有 14914 个字的《共产党宣言》再重温一遍。列宁说过《共产党宣言》是全世界共产党人的圣经。凡是读过《共产党宣言》的人,其中包括一些资产阶级的学者,对宣言中表现出的气派、洞察力、分析力、逻辑性、理论性、文学性、客观性、预见性,无不为之折服。

　　老王说:如果我没记错的话,写《共产党宣言》时,马克思才三十岁,恩格斯还不到三十岁,他们俩只用了一万四千多字,就说明了那么多问题。开头第一句话:"一个幽灵,共产主义的幽灵,在欧洲大陆徘徊。为了对这个幽灵进行神圣的围剿,旧欧洲的一切势力,教皇和沙皇、梅特涅和基佐、法国的激进派和德国的警察,都联合起来了。"宣言的最后庄严宣告:"让统治阶级在共产主义革命面前发抖吧。无产者在这个革命中失去的只是锁链。他们获得的将是整个世界。全世界无产者,联合起来!"这种文字,其感染力和号召力,真的令全世界震撼!

　　我说:你们知道吧,毛主席看过一百多遍《共产党宣言》,他不仅看中译本,还看英文本。战争年代,他把《共产党宣言》等马列著作装在马袋子里,只要有空,就拿出来看,在上面写眉批,在字里行间画道道儿,还把看的日子标记在书后边,他的体会是:七摸八摸就摸出味道来了。

老赵说:老郑,我听说你家大小子上小学时,因与老师顶撞被开除后,你在家教他,就让他背《共产党宣言》,这一背不要紧,对他后来写童话还有些影响,真的童话都不敢这么写。好吧,为了纪念马克思诞辰两百周年,我决定从今天起再读一遍《共产党宣言》,虽然视力不行了,但我拿上放大镜也要坚持把这一万来字读完。不然过几年去见马克思时,一问三不知,不好交代。

马克思《资本论》

　　很快就是马克思诞辰两百周年纪念日,这些天我们的龙门阵很自然地谈马克思比较多。老姜说:在我们这些人中,真正通读过马克思花费了毕生精力而写成的巨著《资本论》者,恐怕不多。郑兄在二十岁出头时,就把《资本论》"啃"了一遍,而且后来一读再读,实在令人佩服。现在,我有一个问题不明白,《资本论》第一卷出版时,为什么马克思把这么重要的著作献给了威廉·沃尔夫,这是个什么样的重要人物?请郑兄略加介绍。

　　我说:原来我也感到奇怪,所以,几十年前我就特别注意收集沃尔夫的资料:沃尔夫出生在一个受尽压迫的农奴家庭,当他于1844年左右读了马克思和恩格斯的著作后,受其感染,走上了共产主义道路。1846年他在布鲁塞尔认识了马克思和恩格斯,他们从此结下了牢不可破的革命友谊。1847年沃尔夫作为布鲁塞尔支部的代表,参加了共产主义者同盟第一次代表大会,并任大会秘书。会后他不仅任布鲁塞尔区部委员会书记,而且还担任了共产主义者同盟机关刊物《共产主义杂志》的主编。1851年他被瑞士政府驱逐出境,被迫来到英国伦敦,又受到恩格斯的帮助,移居到曼彻斯特给人家当家庭教师。1864年当得知沃尔夫病重的消息,马克思立即从伦敦去曼彻斯特看望,和沃尔夫见了最后一面,并在追悼仪式上致悼词。沃尔夫去世后，人们从他留下的遗嘱中发现，他把平时省吃俭用存下的一千英镑中的八百英镑给了马克思。这在当时是个相当大的数目。这笔钱对生活在困难中的马克思真是雪中送炭。

大家听得都入了迷。原来沃尔夫是这么一位伟大的共产主义战士，马克思和恩格斯的亲密朋友，难怪马克思在《资本论》的献词中说："献给我的不能忘记的朋友，无产阶级的勇敢的忠实的高贵的战士，威廉·沃尔夫。"这个评价相当高。

老张说：老郑，今后多给我们讲点儿故事，有些难懂的枯燥的理论问题，一和故事相结合，就有血有肉了，往往也容易理解。

爱因斯坦
《在哥白尼逝世 410 周年纪念会上的讲话》

　　细心的老王说:"龙门阵"是从古代使用的一种兵法布阵演变而来,是四川人先叫起来的,这没错。但是,咱们的"龙门阵"摆下以来,真没料到,还受到几十万朋友的欢迎。有的说,这是交流港。有的说,这是智慧库。有的说,这是小百科。有的说,这是逍遥湾。有的说,这是正能量。也有的说,这是想象的翅膀……我爱胡思乱想,想在"龙门阵"三个字上做点文章:龙,咱们都是龙的传人,咱们几个人如同几条老龙。门,就是咱们几个人每天在一起进入这个门。阵,就是在这个门里摆开阵势神侃神聊。

　　老张说:老王琢磨出的这个"龙门阵"新解,我完全同意。

　　我说:咱们还是言归正题。最近,我在想:说话有没有分量不在言多,而在精辟。例如,在纪念哥白尼逝世 410 周年纪念大会上,爱因斯坦的讲话就五分钟,总共算下来不到一千字。然而,在这浓缩的讲话中,他讲了哥白尼所处的历史地位,讲了他推翻地球中心说,以太阳中心说作为代替的巨大革命意义。他明确指出:"一旦认识到地球不是世界中心,而只是较小的行星之一,以人类为中心的妄想也就站不住脚了。"这样,哥白尼通过他的工作和他的伟大人格,教导人们要谦虚谨慎。

　　老赵说:原来哥白尼学说和人的谦逊谨慎还有联系!

爱因斯坦《悼念玛丽·居里》

　　这次摆龙门阵时,我先发声,问大家:你们知道居里夫人这个大名吗?出乎我意料的是,大家都说:这难不倒我们,不就是两次荣获诺贝尔奖的那位出生于波兰的伟大女科学家嘛!

　　我说:不错。那么你们知道她有一位中国得意门生,还有在她去世后,爱因斯坦曾发表过一篇不到一千字的演讲《悼念玛丽·居里》吗?

　　大家都说不知道。

　　我说:那我先给大家说说居里夫人的中国籍得意门生施士元。施先生于1929年从清华大学毕业后,经过一番周折,来到法国巴黎留学。当时居里夫人因为发现镭等科学成就,而誉满全球。年轻的施士元给居里夫人写了一封信:"尊敬的居里夫人,我是来自中国的留学生。我于1929年从清华大学毕业,而后考取了江苏省官费留学来到法国。希望能在您的指导下完成博士论文工作,不知您能否接受我?"咱们中国有句老话,"阎王爷好见,小鬼难缠",越是大科学家越没架子。没想到信发出去三天后,施先生就收到居里夫人的回信,约他去面谈。面试后,居里夫人立即决定收他为学生。在居里夫人的教导下,施士元完成了一系列科学实验,并通过了博士论文。在他回国之前,居里夫人还为他举行了欢送宴会。没料到他们分别一年后,居里夫人就与世长辞。

老申说:郑兄,你说的这位施士元先生我们从来没听说过,咱们中国还有居里夫人的门徒?真好!

上边既然谈到居里夫人的去世,那我接着向各位介绍爱因斯坦的那篇著名演说:"像居里夫人这样一位崇高人物驾鹤西去的时候,我们不要仅仅满足于回忆她的工作成果对人类已经做出的贡献。第一流人物对于时代和历史的意义,在其道德品质方面,也许比单纯的才智成就方面还要大。"由此可见,对一个伟大人物来说,道德品质是第一位的。接着爱因斯坦说:"我幸运地同居里夫人有二十年崇高而真挚的友谊。我对她的人格的伟大愈来愈感到钦佩。她的坚强,她的意志的纯洁,她的律己之严,她的客观,她的公正不阿的判断——所有这一切都难得地集中在一个人的身上。她在任何时候都意识到自己是社会的公仆,她的极端的谦逊,永远不给自满留下任何的余地。"

老张说:爱因斯坦把坚强、纯洁、严格、客观,以及判断正确与永做社会公仆、永不自满,这些极为高贵的品德,全用在居里夫人身上。

最后,爱因斯坦说了这么一句话,结束了他的演讲。他说:"居里夫人的品德力量和热忱,哪怕只要有一小部分存在于欧洲的知识分子中间,欧洲就会面临一个比较光明的未来。"

西奥多·罗斯福《勤奋地生活》

　　这次龙门阵挺有意思,很少说话的老韩提议,每人先背出四条关于艰苦奋斗的成语。

　　我的老伙计们说:老郑在他的网上天天出几条成语,让粉丝们连诗,一年多来,在这项活动中,涌现出不少高手,也出了许多好诗,为了锻炼我们的记忆,我们也跟着背会不少,这难不住我们。

　　老王说:我先背。发愤图强、不知寝食、铁杵磨针、艰苦卓绝。

　　老赵背的是:艰苦奋斗、勇于开拓、尽心尽力、跛行千里。老康背的是:久坐地厚、朝夕不倦、含辛茹苦、孜孜不倦。老张接着背出:齐心协力、十年寒窗、锲而不舍,开足马力。老申说我背:金石为开、勤能补拙、有志竟成、孙康映雪。老张也不甘示弱:水滴石穿、甘贫守节、任劳任怨。老姜背出:躬体力行、不辞辛苦、悬梁刺股、夜以继日。

　　我说:今天大家的表现都"酷毙"了,为了回报,我今天向大家介绍美国西奥多·罗斯福总统的一篇著名演讲——《勤奋地生活》。

　　罗斯福一开始就说:在向你们这样的人物讲话时,我想谈的不是苟且偷安的人生哲学,而是过艰苦奋斗的生活。我想谈的这种最崇高的理想,与贪图安逸之辈无缘。而不畏艰险,不避劳苦从而获得最大的辉煌胜利的人,才值得我们尊敬。

罗斯福接着一针见血地指出:胆小的人,懒惰的人,不信任祖国的人,丧失坚强斗志的人,愚昧无知的人,麻木不仁的人,总之,所有这些人,都闭眼不看国家正在承担新的责任;闭眼不看我们正在世界事务中尽我们自己的一分力量。

　　罗斯福尖锐地指出:有不少人相信与世隔绝的生活,那种生活会销蚀一个民族吃苦耐劳的美德,陷入贪得无厌的泥潭而不能自拔,认为经商致富乃国民生活的根本。殊不知经商致富固然重要,但毕竟只是造就真正伟大国家的许多环节中的一环而已!

　　罗斯福最后说:我的同胞们,我对你们要讲的是,祖国要求你们不要过安逸的生活,而要过艰苦奋斗的生活。假如我们游手好闲、虚度光阴、苟且偷安,假如我们在你死我活的激烈竞争前畏首畏尾,裹足不前,那么,更勇敢、更坚强的民族将超过我们,并将赢得统治世界的权利。因此,让我们勇敢地面对斗争的生活,下定决心卓越而果断地履行我们的职责,下定决心不仅是在口头上而且在行动上坚持正义,下定决心做既诚实又勇敢的人,从而脚踏实地地为崇高的理想而奋斗!

高尔基《科学万岁》

老陈说:美国总统特朗普在中美贸易上又变脸了,郑兄怎么一声不吭?我说,像这样毫无信誉的总统,我从今以后不会再提他一个字,因为我看不起这号反复无常的人,简直不值一提。最近我倒是想,万变不离其宗,美国死守他唯一超级大国的战略目标,已认定威胁它的对手第一个是中国,第二个是俄罗斯,因此死卡这两个国家的咽喉。卡什么?首先是从科技上卡,也就是我们的2025规划。这提醒了我们,必须大力发展我国的科技事业,在关键地方不能让人家卡住咱们的脖子。要成为世界强国,首先必须在科学技术上强。最近我又重温了高尔基的那篇只有千字的《科学万岁》的著名讲话,今天我愿意向诸位加以介绍。

老王说:朝闻道,夕死可矣,郑兄快讲。

高尔基说:以对人类的贡献来说,艺术和科学是两股强大而又奇妙的力量。大家知道我是个文学艺术家,但我愿意把科学的重要性放在艺术的重要性前边。"因为,艺术是感情的,它总是容易屈从于创作者思想的个性,它太依赖于人们称之为'情绪'的这一东西。正因为如此,它极少是真正自由的,它极少能超越个性、阶级、民族偏见、种族偏见的强大影响所形成的强大壁垒。"

老康说:高尔基看得真透。

我说:更透的还在后边。他说:"而实验科学则是在精密观察所得的知识和经验的肥土沃壤中产生和发展起来的,它们以数学的铁一般的逻辑作为先导,因而完全摆脱了艺术无法摆脱的这些影响。就其精神实质来说,实验科学是国际性的,是属于全人类的。"高尔基进而说:"世界上只有一种四海皆同的自然科学,正是这种科学给我们的思想插上翅膀,使它在宇宙的神秘王国里到处翱翔,探隐索微,解开生活悲剧之谜。科学为世界打开了通向团结、自由和美的道路。"

老张说:作为伟大文学家的高尔基,对于自然科学竟有如此高的评价,确实令人佩服得五体投地。同时,也让我们认识到科学是无国界的,一切妄图垄断科学技术并阻止他国发展科学技术的做法,统统是违背科学技术本身的逻辑的。

我接着介绍:在这次演讲中,高尔基建议建设一座"科学城"。在这座"科学城"里,"科学家天天用自己的睿智、无畏的眼光探索着我们星球周围的奥秘;在这里,科学家像铁匠和宝石匠一样锻炼、雕刻着世界的全部经验,并把这些经验变成行之有效的学说,变成进一步探索真理的武器。"他接着说:"在这座科学城里,科学家将沐浴在自由的独立的阳光之中,沐浴在激发创造力的阳光之中,而他们的工作则将在这个国家造成热爱知识的空气,将在人民中间唤起对知识的力量和美的热烈感情。"

老赵说:高尔基讲得太好了,听了令人清醒和感动。

我说:更令人感动的还在后边。他说:"自由展翅的科学上升得越高,它的视野就越宽广,科学知识应用于生活实际的可能就越充分。正如我们大家都知道的那样,在自然界,没有什么东西比人脑更奇妙,没有什么东西比思维更美好,没有什么东西比科学研究的成果更宝贵。"在演讲结束时,高尔基高呼:"科学万岁!"

马卡连柯
《幸福的父母往往会有最优秀的子女》

龙门阵一上来,老王就说:老郑,今天是 2018 年 5 月 30 日,是你的长子郑渊洁从事童话创作四十周年,在这个有意义的日子里,你肯定有不少感想,你先来几句。

我说:这四十年不容易呀,我是他辛勤创作的第一见证人。构思是一个个想出来的,字儿是一个个写出来的,文章是一篇篇发表的,书是一本本出版的,广大读者是一个个赢得的,路是一步步走过来的。他发表第一篇童话时二十三岁,我四十三岁。四十年过去了,我们都老了。然而童话永远年轻。我唯一的希望是,在他从事童话创作五十周年时,我还能喝酒、写字,为我的粉丝写微博,别无他求。

老康说:凭你身体现在这硬朗劲儿,这个愿望肯定能实现。老郑,今天你给我们介绍什么内容呢?

我说:苏联时期有位名叫马卡连柯的教育家,他有一篇题为《幸福的父母往往会有最优秀的子女》的演讲,非常精彩。在这篇讲话中,他说:每个大人都希望自己的儿女成为心地善良,有志气,有本领,富有,而不是变成穷光蛋,能把一切花光的废物。但是,这样优秀的儿女,只有从幸福的父母中去寻找。而幸福父母的标准,并不是家里的房间有多么多、多么大,有没有煤气设备,有没有澡盆,有没有冷水热水,有没有女佣。而是看父母是不是有坚定的信念,是否是一个道德高尚,鞠躬尽瘁的人。如果你的孩子在这样正气占上风的幸福家庭环境中成长,往往能成为最优秀的子女。这大概就是我们说的那种榜样的力量。

马卡连柯的另一个重要观点是,教育要从幼儿抓起。他说:事实上,主要的教育基础是在五岁以前奠定的。还有,你们在五岁以前所做的一切,等于整个教育过程的 90% 的工作。这与我们老话说的三岁看大七岁看老的道理差不多。

马卡连柯主张要善于用温和的语气给孩子说严厉的事情;要在孩子六七岁的时候,就培养他们具有一定的冒险精神,"以便使孩子成为一个勇敢的人"。他还认为,培养孩子具有坚强的意志很重要,但"真正的坚强意志绝不是一种想要什么就获得什么的那种本事",而是包含着欲望和制止,欲望和放弃,"没有制动器就不可能有汽车,而没有克制也不可能有任何意志"。

老张说:马卡连柯讲的这些观点非常重要,对我们现在教育子女的方法也很有启示,感谢老郑的介绍。

白求恩《在八路军第一模范
医院落成大会上的演讲》

我说:1939 年 12 月 21 日毛泽东同志撰写的《纪念白求恩》一文,你们还有印象吗?

老王说:这是"老三篇"中的一篇,想当年倒背如流,今生今世不会忘记。

我接着说:《纪念白求恩》一文,大约一千字左右,白求恩大夫也有一篇一千字左右的《在八路军第一模范医院落成大会上的演讲》,你们看过吗?

我看见我的这几位老伙计大眼瞪小眼,就知道自己又将了他们的军了。每次只要一将军把他们将住了,我就特别高兴,因为发挥我特长的机会又来了。我清了清嗓子,慢条斯理地摆开了我的龙门阵。

我说:白求恩在这次演讲中,首先表示:"同志们,感谢你们送给我美丽的旗帜,以及对我所说的友好的话。"而后,他就进入主题:"千百万爱好自由的加拿大人、美国人和英国人都望着东方,怀着钦佩的心情注视着正在和日本帝国主义进行着光荣的斗争的中国。这个医院的设备是你们的外国同志提供的。我很荣幸被派来做他们的代表。和你们一样的人,在三万里之外,隔着半个地球,正在帮助你们,你们不要认为这是不可思议的。你们和我们都

192

是国际主义者。我们清楚地认识到,无论种族、肤色、语言和国界都不能把我们分隔开。"白求恩由远及近,接着说,"我来到晋察冀边区,在这个医院里和你们一起工作才不过三个月的时间。我起初总觉得这是'你们的'医院,现在我觉得这是'我们的'医院了。我从你们那里得到许多宝贵的教益……我感谢你们给了我这些教益。作为报答,我也许教给了你们一点技术。"由此可以看出白求恩大夫是多么的亲切,多么的谦虚。

我说:最了不起的是,在那个时候,白求恩就告诉我们科学技术的极端重要性。他在演讲中说:"日本用不到五十年的工夫,从一个极端落后的国家变成了一个强国,其中部分原因就是采用了西方技术。技术掌握在日本金融资本的独裁者手里,结果使日本成为全世界的公敌。技术掌握在中国劳动人民的手里,一定会使中国成为一个促进世界和平的强国。"白求恩慷慨激昂地说:"我们必须运用技术去增进亿万人民的幸福,而不是用技术去增加少数人的财务。"请看他讲的是多么深刻,多么精彩,多么有远见啊!

接着,白求恩联系本行业务说,一个医生、一个护士、一个护理员,掌握了内外科技术,就是要减少人的死亡、疾病及残废,"我们的责任就是使我们的病人快乐,帮助他们恢复健康,恢复力量。"

白求恩真是伟大,他看得真远呀!他说:"他们打仗,不仅是为了今日的中国,而且是为了明天新兴的伟大、自由、民主的中国。"对那些阵亡了的战士,我们一定要牢记他们。为了纪念死者,为了忠诚于我们伟大的事业,让活着的人和行将死去的人,为我们的同志的情谊做出庄严的保证吧!

什么保证呢?最后,白求恩深情地说:"那么我们就会确信,即使我们不能活着看到,总有一天我们的后来人会聚集在这里,像我们今天一样,不只是庆祝一个模范医院的成立,而是庆祝中国人民的伟大共和国的成立。"

老赵说:白求恩讲得太好了,只一千来字,就讲了这么多重要内容。遗憾的是这么好的一个演讲,我过去竟从来没听说过,谢谢郑兄的普及。

老申说:听了老郑的介绍,让我更加认识到白求恩大夫确实是"一个高尚的人,一个纯粹的人,一个有道德的人,一个脱离了低级趣味的人,一个有益于人民的人"。

基辛格《在北京外交学院的演讲》

今天是星期六,我们的龙门阵可没有双休日。越是休息越是摆龙门阵的黄金时刻。龙门阵的"门"儿刚一打开,老康就向我提出一个问题:郑兄,依你看,在近代中美关系发展史上,哪位美国政治家的贡献最大,延续的时间最长?

我说:客观地说,非基辛格博士莫属。他经过了时间和各种事件的考验,至今无人可比,无出其右。从 1971 年 7 月 9 日他乘巴基斯坦波音 707 飞机,经过八个小时的飞行秘密到达北京南苑机场至今,基辛格访问我国近百次,在中美关系的许多关键时刻,起到了至关重要的、无人可替代的重要作用。基辛格深有感触地说:中国是我交往最久、最为深入的国家。中国已成为我生命中非常重要的一部分,中国朋友对我而言意义非凡。他还说:我一直坚持美中应该去创建一种新型国家关系,尽管这很艰难,但我们的领导人有这个责任去促成。他主张中美之间应建立"战略互信,共同演进"的关系。

老王说:我对基辛格博士从心眼儿里是非常尊敬的。据说,他在美国有"智多星"之称,连反对他的人都钦佩他的才华,一个加入美国籍的德国人,在美国赢得如此高的赞誉,并担任过总统的国家安全事务助理和国务卿,这是极不寻常的。

我看把话题铺垫得差不多了，趁热打铁说，基辛格博士曾在北京外交学院有个演讲，这个演讲虽过了几十年了，但有许多思想与主张仍不过时。

基辛格在演讲中说：对我来说，每次访问中国都让我心情激动。我们两国重新建立关系时，双方当然都有重要的具体原因。大国之间的长期关系确实只能建立在对国家利益的正确理解的基础上。但是，基辛格说，由于我来中国的次数很多，与许多人结下了个人的友谊，因此不少活动也带有个人色彩。由此可以看出，国与国领导人之间建立工作关系和私人友谊的重要性。

基辛格说：我国的历史毕竟比中国任何一个朝代都要短，在美国有许多人倾向于把外交政策看作是精神病学的一个分支。他们因此相信国与国之间的关系同人与人之间的关系是一样的，他们更喜欢治标而不治本的办法。

老李说：太有意思了，把"外交政策看作是精神病学的一个分支"？

基辛格认为：国际紧张局势的根源在于政治冲突，在于企图扩张势力，企图把单方面的解决办法强加于人。他进而认为，美国一定要与中国建立良好的关系，美国不能将一个具有这样的历史、幅员和重要性的国家，排除在国际均衡之外。几年前，曾有一些美国人说，美国应该打所谓中国牌。这是荒诞可笑的。中国不是一张可以任美国打的牌，中国是活生生的现实，必须作为现实来对待。只要中国独立强盛，它本身的分量就有助于全球平衡。在这个意义上，中国独立的外交政策是符合全世界的利益的。

老赵说：基辛格讲得真精彩，不愧为"智多星"！

基辛格博士认为：政治家所能做的一切就是保持对话，并确保让世界人民理解我们所讲的和平条件是什么。就中国和美国而言,一个强大的不断发展的中国是符合共同利益的。

我的老伙计们都听迷了,异口同声地说:像基辛格这样九十多岁的足智多谋的老政治家、老外交家真的不多了,祝他健康长寿,为中美两国之间的友谊,做出更多更大的贡献!

恩道尔《目标中国》

这几天,我们几位老头儿侃大山,一直围绕着中美贸易大战进行。

老王说:老郑,我记得去年你给大家讲过一个"慢火煮蛙"的故事,挺有意思,很有现实意义,能否再给大家讲一讲?

我说:去年我在中国民主法制出版社出了一本名叫《父亲的含义是榜样》的书。该出版社的刘社长和赵总编送给我一本由美国著名学者恩道尔写的书。这本书的名字叫《目标中国》,副标题是"华盛顿的'屠龙'战略"。大家知道,我们中国人号称是龙的传人,龙是我国的图腾,而华盛顿已经制定了要"屠杀"这条龙的战略。作者开篇就讲了一个"慢火煮蛙"的故事:有一则古老的民谚,讲的是要想把青蛙活活煮死,先要把它放进冷水锅里,然后慢慢把火加大,这样青蛙就会在不知不觉中迎接死亡的到来,身临险境却浑然不知。这则谚语形象地反映了当前美国统治阶层的对华战略。该作者说,原来美国一直与新中国作对,后来中苏之间发生矛盾,美国就联合中国一起反苏。当时,以邓小平为代表的中国共产党人,抓住这个难得的战略机遇,进行改革开放,实行社会主义市场经济。本来美国想把中国变成世界工厂,利用中国的廉价劳动力大发其财,没想到勤劳勇敢的中国人利用这个大好机会,自己也很快发展起来了,成了世界头号出口大国,买了几万亿美国的债券，每年贸易逆差千亿美元，而且中国的足迹也遍布了全世界。正如当年英国外交大臣巴麦尊说的："在国际关系中，没有永恒的敌人，也没有永恒的朋友，只有永恒的利益。"在这种情况下，美国大财团认为事情不妙，威胁到自己世界霸主的地位，美国的财政部、国防部、商务部、农业部，以及各种智囊团，都被这些大财团控制，就把中国当作头号战略对手，并制定了"慢火煮蛙"的战略，挖空心思要把这条"巨龙"扼杀。这本书不太厚，内容分为：货币战争、石油战争、农业战争、健康战争、军事战争、经济战争、环境战争、媒体战争、中国的制胜策略、中欧大陆桥、西方的要害等十一章，而且文笔通俗易懂。美国作家已经把华盛顿的"屠龙"战略，向我们交代得一清二楚，我建议大家看看这本书，从而对当前这场中美贸易大战的实质有一个清楚的认识。庆幸的是，我们中国不是蛙，而是龙。慢火煮蛙比较容易，而龙太大了，太难煮了，这条"巨龙"会腾云驾雾，还会以牙还牙，奋起反击（我讲时，这些老头儿都听入迷了）。

"杠精"老赵说：美国作家还写这种书？这个作家太了不起了，是有良知的作家。这位作家若来中国访问，我自掏腰包，请他吃我们西安的羊肉泡馍！

第六章　知识课堂

什么是龙门阵？

我说，咱们摆了这么长时间龙门阵，但是为什么叫"龙门阵"，而不叫"虎门阵""狼门阵""猴门阵"，以及其他的阵呢？我此话一出，我看我的这些老伙计们大眼瞪小眼，直摇头。

我说：我告诉你们吧，"龙门阵"的叫法，出自四川省。在四川话中，摆龙门阵就像北方人说的闲谈、聊天一样。据说"龙门阵"是古代作战中的一种摆阵的方法，他的首创者是唐代薛仁贵，在他东征时所摆的一种变幻莫测的兵阵。后来四川艺人爱说薛仁贵东征摆龙门阵的故事，久而久之，便移花接木到聊天，就是指那种变幻莫测、上天入地、无拘无束、天马行空、曲折复杂、妙趣横生、波澜壮阔、趣味无穷的摆谈，从而把大事、小事、家事、国事、天下事，统统囊括到"龙门阵"之中。我告诉你们吧，四川是天府之国，古代与现代都出了相当多的大名人，古代的我不说，仅新中国十大元帅中就有四位是四川人，这就是朱德、刘伯承、陈毅、聂荣臻。听说四川省有个月刊名叫《龙门阵》办得很好；新浪网也有档娱乐节目叫《龙门阵》。原来龙门阵的原创者是薛仁贵。

什么是围棋？

今天聊天时,老康说:老郑,听说围棋与你的故乡山西临汾还有关系,你能否给大家说说围棋的来龙去脉?

我说:相传围棋是我们的老祖先尧帝发现和推崇的,而尧帝当时就住在我的故乡,如今的临汾;尧帝娶富宜氏为妻,生下个儿子名叫丹朱,这个儿子行为不端,好吃懒做,游手好闲,尧帝对他一点儿办法也没有。一天,尧帝去汾水之滨散步,见二位仙人对坐,画沙子为道,以黑白子下围棋。这种围棋对抒发意境、陶冶情操、修身养性,大有好处,尧王就让儿子丹朱下这种围棋,久而久之使丹朱改邪归正。据文字记载,围棋源于我国,隋唐时经朝鲜传入日本,后来又流传到欧洲。

"杠精"老赵说:说到围棋,让我联想到人类社会似乎就是一盘围棋,围与反围就是其发展的一个规律:一方在围,另一方在反围,最后看谁吃谁的棋子多。然而我们中国共产党人,从诞生的那天起,就处于被围剿之中,人家围剿,我们反围剿,经过多个回合,我们突破重围,把对方的棋子都吃光了,取得反围剿的最后胜利。新中国成立后,在国际上,我们又处于被围的地位,直到现在,人家还在围我们,但奇怪的是,越围我们越强大,这是因为在我们的基因中,反围剿的能力特强,我们是下围棋的高手!

老赵说完后,老王盯着老赵看了足足有一分钟,然后说:老赵呀老赵,你把人类社会比作一盘围棋,把围与反围比作一个规律,真令人刮目相看,阁下在家里与嫂子是否也总是处于围与反围之中?!

　　老张说:看来围与反围无处不在。

什么是贸易？

这些日子由美国总统特朗普亲自披挂上阵挑起的中美贸易战，正处于摇旗呐喊、摆阵势的相持阶段。虽然还未正式打响，但已经弄得地动山摇，这个贸易战一旦打响，还不知是个什么情况。

我说：老王兄，现在全世界都在说贸易、贸易，我请您查一查，这"贸易"是什么含义，您查了没有？

老王说：你老郑交的任务，我岂敢不完成。贸易，是买卖的通称，意思是改变、变易、商业、交易、买卖、生意、营业的意思。贸易一般是指在平等自愿的前提下进行的货物或服务交易行为。最初的交易方式，是以物换物，后来用货币做媒介。两者之间的交换为双边贸易，多于两个以上者为多边贸易。现在，我们与美国的贸易摩擦，就是双边贸易。但是，由于贸易的全球化，往往是你中有我，我中有你，很难找到纯粹的双边贸易，而是牵一发而动全身。特别是世界上两大经济体，如果真的打起贸易战，那会涉及、影响到全世界。老郑，不知道我说清楚了吗？

老张等听得津津有味，都夸老王学习认真，表达得也清楚。

"杠精"老赵说：咱们一开始就明确了一个问题，这次由美国挑起的贸易战，绝不是纯粹的贸易战，而是与他的战略目标相一致的，是为其战略服务的。他的战略目标就是要保持他世界老大的地位不动摇，他认为我们中国的发展威胁到他老大的地位，因此把我们视为战略对手，从经济、政治、军事、科技各个方面"屠龙"，贸易战的背后是他的政治意图。所以，我们无法让步，这一步若让了，以后只能服服帖帖受他的摆布，实现中华民族的伟大复兴就会成为一句空话。

老姜说：特朗普先生特爱签那种心电图式的签名，他愿意怎么签就怎么签，但签得再多，也对我们中国无效，因为中国不吃他那一套！

什么是运动思维？

老年人虽然记忆力衰退，脑子越来越迟钝，但是他们的经历多、底子厚，不少人看的书也不少，所以摆起龙门阵来，内容还是挺丰富的。从某种程度上来说，年轻人从老年人的这面镜子里，也能看到许多有价值的东西，因为老年人的今天就是年轻人的明天。

老王说：老郑，最近在聊天中你总用一个词"运动思维"。我查了许多资料，只有冷战思维，没有"运动思维"这个词。难道"运动思维"这个词是你老兄发明的？

我说：冷战思维一般是指二战结束后形成的以美苏各自为首的两大阵营之间的一种思维方式，两大阵营的热战虽然没有打起来，但冷战（互相攻击）不断。两大阵营瓦解后，这种冷战思维本应随之结束，但不仅没有结束，反而在某些人的身上变本加厉。因为在有些人的头脑中已经根深蒂固，他们还习惯用冷战思维谋求霸权，只许州官放火，不许百姓点灯，总认为别人的发展就是对自己的威胁。这就是通常所说的冷战思维。受此启发，过去我们的政治运动不断，每次政治运动，都怀疑一切，打倒一切，一批批干部被打倒，也有相当多的群众挨整。只要哪个人不出来了，就是有问题了，或是被打倒了。现在早已不搞政治运动了，但我们脑子里仍存在"运动思维"，用政治运动的思维方式看待新的一切问题。这种

"运动思维"也是非常有害的。

老康说：我认为老郑说的这个靠谱。例如，电视台某几个著名主持人，忽然不出来了，就认为人家出问题了；某些领导干部生病了，或到岁数退休了，不出头露面了，也怀疑他们是否出了问题。这种"运动思维"，不利于安定，不利于团结，也容易使小道消息，甚至谣言满天飞。

老张说：有道理。因此，我们在国际上反对冷战思维，在国内也应反对"运动思维"，以加强凝聚力，团结起来，为实现中华民族的伟大复兴而共同奋斗！

什么是科学？

我们的龙门阵快结束时,老王问大家:咱们每天都喊"科学",那么谁能说清"科学"二字的含义究竟是什么?

老赵说:科学就是科学地看问题,不要胡说八道吧?

我说:赵兄不要急着回答,老王提出的这个问题值得重视,咱们不能只知其一,不知其二。我提议咱们回去都翻翻《辞海》什么的,不然我们天天讲科学,喊科学,号召学科学,按科学办事,但不知道科学的含义是什么。

大家都同意我的这个建议。

这不,今天龙门阵一开始,老赵就说:我查了,科学这个词最早来源于拉丁语,后来又翻译成英语等,再后来日本有位叫福泽谕吉的大师把这个词翻译为"科学";到了1893年康有为将此词引进到我国,也用了"科学"二字。

老王说:关于"科学"一词的来历,老赵说的没错。但是,它的含义是指:人类发现、积累、公认的真理,并经过反复实践,已经系统化与公式化的知识和学问。

老康说:在实际生活中,都标榜自己的那一套是符合科学的,所以有真科学、非科学,以及伪科学之分,都说自己是真的王麻子。究竟是不是真科学,要由实践来检验。同时,由于科学的研究对象不同,一般分为自然科学、社会科学、思维科学;还可分为理论科学、技术科学、应用科学。

我说:老康既然谈到应用科学,我顺便向大家介绍爱因斯坦的一篇著名演讲,题为《科学的颂歌》。在这篇不到千字的演讲中,爱因斯坦主要强调应用科学。他说:"我将反复唱一首赞美歌,赞美在应用科学上我们已经取得的伟大成就,赞美你们即将带来的更大进步。事实上,我们是在应用科学的时代,也是在这样一个应用科学的国度。"

为什么他要特别强调应用科学?爱因斯坦说:"伟大的应用科学使我们减少劳动,使生活变得安逸舒适。但为什么现在它带给我们的幸福这么少呢?简单的答案是:因为我们没有把科学置于合理的应用之中。"他接着说:"你们可能觉得我这个老头儿唱的歌不中听,可是,我这么说具有一个良好的目的——为了指出科学的重要和前途。"

请注意,千年名人排名第一的爱因斯坦自称老头儿,在他的晚年,专唱重视应用科学这首歌。

什么是干部？

自从探讨了"科学"一词的来历、含义、分类，以及应用科学对现代社会生活的极端重要性之后，大家谦虚多了。认识到，实际上我们生活在似懂非懂的状态之中。许多东西，我们只知其名，不知其意；只知其一，不知其二；只知其表，不知其里；只知其象，不知其源。处于一知半解，甚至不知不解，只是随大流，人家怎么说，咱也跟着怎么说的情况之中。

老申说：确实是这样。例如，咱们天天说"干部"，社会上有不少人是干部，咱们也当了几十年干部。干部有各种门类，有各种级别，政治干部、军事干部、后勤干部、企业干部、政法干部、管理干部，连下岗了，还分为离休干部与退休干部……但是，谁知道"干部"二字从何而来，它的含义又是什么？

老赵说：对于"干部"一词的来历，我还真查了一些资料：它是20世纪初从日本引进来的。据说，明治维新前后，日本人用日语中的汉字翻译了许多西方的词汇，如物理、数学、化学、经济学、政党、政策、干部等。"干部"的意思，在法语中是"骨骼"，在日语中是"骨干部分"。这就明白了，什么是干部呢？就是指在人群中起骨干部分的那些人。

老王说：这样说来，干部就是在国家机关、人民团体中担任一定的领导工作或管理工作的那部分公职人员的总称。

我说:还有个比较可靠的传说。"干部"这个词是阎锡山最先从日本的汉字中引进我国的。但袁世凯从来不用"干部"这个词,而孙中山、蒋介石,还有我们毛主席都使用"干部"一词,并以此取代"官员"一词。台湾省至今还使用"干部"这个词,在我们大陆"干部"一词使用的更为普遍了。

什么是钱？

前几天我们聊了什么是"科学"，什么是"干部"，别看这些词司空见惯，天天不离口，但是若不寻根究底，还真不知道它们的来历与真正含义。

今天，老申说：谁能把咱们天天花的"钱"说个清楚？

老康说：千万别谈钱，因为钱很俗，可也有人说，没钱更俗；有人说，钱不是万能的，但也有人说，没钱是万万不能的。

我说：我们所说的钱，在经济学里面通称货币。货币是一种从普通商品中分离出来的特殊商品。在商品交换过程中，它是价值尺度、支付手段、贮藏手段与世界货币。其中最重要的功能是两项：价值尺度和流通手段。

老张说：老郑你通读过《资本论》，你能否用最通俗易懂的语言，谈一谈货币是怎么产生的？

我说：货币这种特殊商品是怎么产生的，研究它的书很多也很厚，真是一言难尽。要让我说，无非是这么一个情况：人类社会发展的最初阶段，生产力极其低下，没有什么剩余的东西可以拿出去与别人交换。随着生产力的逐步提高，生产出的东西除自己使用外，还有少许剩余产品可以拿出去在市场上与人交换。例如，我牵两只羊换别人的一头小毛驴，我拿一件衣服去换一些食品，这叫物与物的交换。随着交换范围的不断扩大,人们感觉到物与物交换实在不方便。车到山前必有路。于是人们就用铜、银、金当交换媒介,这就形成了货币。要交换,先把自己的商品换成货币,然后用货币去买其他商品。后来,人们又感到,拿上金子银子,去市场上交换也不太方便。所以,在漫长的发展过程中,又发明了一种纸币。纸币实际上是金银的符号。再后来,又出现了更方便的东西,这就是支票。支票又是货币的一种符号,不过个人之间的交易用支票者较少。发展到现在,连做梦都没想到过,许多年轻人交换连货币也不用了,拿出手机一点,钱付出去了,不一会儿所要的东西送上门来了。将来货币会否退出交易市场,很难说。

老李说:从货币的产生与发展的过程中,让我悟出一个道理:人类社会的发展从某种意义上说,就是求方便,怎么方便怎么来,要不怎么盛行"方便面"而不是"麻烦面"。

什么是帽子戏法？

老康说：在观看足球比赛时，常听到一个词：帽子戏法。老郑，能否给大家讲讲到底什么是"帽子戏法"？

我说：刚才，我的一位粉丝也向我提出这个问题，我逗他说，"帽子戏法"就是足球运动员用头顶球时，把球和帽子一块儿顶进球门，所以叫"帽子戏法"。开个玩笑可以，但不是那么回事。

老李说：这个"帽子戏法"我也不知其意，请给大家讲讲。

我说：根据我掌握的资料，实际情况是：过去有位叫卡洛尔的童话作家写了一篇题为《爱丽丝漫游奇境记》的童话。在这篇童话中，他描写了一位制帽匠，非常有本事，他能神出鬼没地用帽子变戏法。这篇童话在当时流传很广。后来英国板球协会于1858年，首次把这个"帽子戏法"借用过来描述连进三球的投球手，并奖励一顶高级帽子。到了1958年，在世界杯的半决赛中，巴西对法国，球王贝利一人连续踢进三球，把法国队送上打道回府之路，这让贝利大放异彩。之后在《贝利自传》一书中，他对这个连中三元的战绩大书特书，并专门列为一章，这章的标题就叫"帽子戏法"。贝利那是什么人物，从此帽子戏法就广泛地用于足球比赛，把在一场足球比赛中，一位球员的独进三球，就称为"帽子戏法"。它的根源来自一篇童话。不知我向各位是否说清楚了？

连"杠精"老赵都说：非常清楚，原来如此！谢谢郑兄。

什么是乌龙球和德比之战？

老申说：在足球比赛中常听到几个词，一个是"帽子戏法"，这个词，郑兄已做了解释，心里明白了。还有一个词叫"乌龙球"，另一个叫"德比之战"，它们的含义是什么，也希望郑兄给咱们扫扫盲。

我说："乌龙球"最早源于一句英语（恕我不会写英语），意即自己踢进或碰进自家球门的球。香港球迷根据这个英语单词的发音，将其称为"乌龙球"。那么为什么叫"乌龙"？它源于咱们广东的一个民间传说：天上久旱无雨，人们烧香磕头，祈求青龙降雨，谁知青龙没来，乌龙倒来了。乌龙是一种给人间带来灾难的龙，它的到来，反而给人间带来灾难。摆"乌龙"用在足球场上，就是指本方球员将球弄进自家球门，自己给自己造成灾难。这与广东的民间传说非常吻合。所以，凡自家球员误弄进自家球门的球，就叫"乌龙球"，也叫"自杀球"。每届世界杯上都会出现"乌龙球"。最严重的是那年美国世界杯上，哥伦比亚队与美国队的比赛中，哥伦比亚球员埃斯科巴弄了个"乌龙球"，而在他归国后，被本国的四名男女结伙枪杀，从而成为真正的"自杀球"。

关于"德比之战"，据说英国有个地方叫德比郡，这里出良马，欧洲各大赛马场的马，一度都是产于德比郡的好马，于是欧洲人就把这种赛马称为"德比之战"。"德比之战"用到足球赛上，一般指同城市或同地域两个球队之战。如"米兰德比之战""伦敦德比之战""罗马德比之战"等。总之,一个城市或一个地域的两支球队之战,就称之为"德比之战"。

老姜说:在足球赛场上,我们看到的是足球在队员脚下踢来踢去,没想到它其中还包含着许多童话、民间传说、历史故事。这大概就是其丰富的文化内涵。

什么是黑马？

老赵说：这届俄罗斯世界杯有意思了，悬念不断，黑马迭出。葡萄牙与西班牙，二牙相争，以牙还牙，3:3打了个平局，但大球星C罗却玩了个帽子戏法，从而大放异彩。阿根廷对阵只有三十三万人口的小国冰岛，1:1也是个平局，而超级球星梅西痛失点球，被一位电影导演担任守门员的人扑出，颜面尽失。获得过5次世界冠军、有著名球星内马尔参赛的巴西队却与瑞士1:1踢平。更大的冷门出在卫冕冠军德国队竟以0:1败给墨西哥队，从而结束了德国在世界杯历史上三十六年首场比赛不败的光荣记录，并使墨西哥队和他的打进制胜一球的二十二岁的球员洛萨诺成为本届世界杯的黑马。

老李说：这几天你给大家普及了什么是"帽子戏法"、什么是"乌龙球"、什么是"德比之战"？能否再给我们说说什么是"黑马"？

我说：黑马，顾名思义就是黑颜色的马。英国有位作家名叫迪斯雷利，他写了一篇名为《年轻的公爵》的小说，在这篇小说中他描写了一段赛马的故事。说的是在一次赛马中，有匹普通的黑马并不被人看好，然而，在比赛中它却超过了夺魁呼声很高的马，夺得冠军，这让大多数人甚感出乎意料。从此"黑马"就成为原本并不引人注目，而在比赛中有出色表现的代名词。

老康说:足球比赛之所以那么吸引人,就在于它的悬念多,比赛跌宕起伏,新故事不断,它不是一边倒,它不断冒出黑马,使新人辈出。

老王问:郑兄,你预言德国队会蝉联冠军,首战败北,人家说它出线的机会只有百分之七了,现在要改变你的看法吗?

我说:不变。虽然俄罗斯这个国度一直是德国的克星,这里也不是德国的福地,它要夺冠确实不易,但人的信念要坚持到底,说了话算数,即使德国队输了,要请喝酒,我也不能见风使舵,收回自己的诺言。有些人,整天出尔反尔,反复无常,头天说的话,今天又推翻,自己抽自己嘴巴,这种言而无信,不知其可的事,咱不能干,这是做人的最起码品德。现在我宣布:我仍坚持本届世界杯德国队会卫冕冠军!在这个问题上我与我的长子郑渊洁各持己见,他在这届世界杯上,看好西班牙队!

什么是贸易战？

　　这一个多月，我们把主要精力放在俄罗斯世界杯的足球大战上，热衷于评球，没有精力评另一场更加严重、更加激烈、更加不公平、更加骇人听闻的由美国总统赤膊上阵挑起的贸易大战。关于贸易大战的实质和危害，最近一个时期这专家那院长谈了不少。因为我们都是老粗，加上又不是搞经济工作的，许多名词挺拗口，中间还夹杂着不少外国字，让人看了一头雾水，似懂非懂，不知所然。

　　老赵说：咱们今天就拿老百姓能听得懂的话，说一说美国总统向我国和世界其他国家挑起的这场贸易大战，究竟是怎么一回事？

　　我说：咱们一层一层地剥。先弄清什么是贸易？所谓贸易，就是我们平常说的买卖。看过《资本论》的人都知道，人类社会初级阶段由于生产力极低，自给自足，没有剩余的东西可以拿出来和别人去交换做买卖。随着生产力的提高，除自己使用外，还可以把剩余的产品拿出来交换别人的产品。产品只要一交换，就变成了商品。商品为什么能交换？因为它有两个属性，一是它有使用价值，谁也不会去换对自己没用的东西；二是价值，就是生产这件东西所费的社会必要劳动。因此，买卖的一个基本原则是公平交易，等价交换,谁也不愿吃亏。人类社会发展到现阶段,整个社会都变成商品社会,可以想一想咱们家用的所有东西,有几件不是从市场上买来的商品。这说明,人类越发展商品交换的范围越扩大,由村的集市发展到地区,由地区发展到省,由省发展到全国,又由全国发展到全球。真是你中有我,我中有你,谁也离不开谁了。例如,美国的飞机零件,有许多是在中国与其他国家生产的,它拿回去组装后,就成了它的飞机。

老王说:由于贸易(买卖)越做越大,商人的特点之一是唯利是图,都想在买卖中占便宜,发大财,把别人弄破产,这样就出现了不少欺诈,使了许多坏招。这时,以美国为首的国家开始制定贸易规则了,并且成立了个世界贸易组织,谁违背了规则,就要通过谈判进行解决,严重的还要受到惩罚。所以,贸易中的摩擦是正常的,是可以按规定的要求得到解决的。即使买卖不成,仁义还在。多少年就是这么过来的。

老姜说:但是美国选出了个商人当总统。他的口号是美国优先。什么意思呢?不管干什么,我美国都要优先,你们别的国家都靠后边站。好吃的我先吃,好穿的我先穿,好住的我先住,钱我先挣。他为什么敢这么不讲理地提出如此露骨的“美国优先”,因为他认为:我是超级大国,我的经济实力和军事实力都比你强得不是一星半点,我比你们强老鼻子了,我就是南霸天,我就在贸易中无视公平竞争的原则,我就要搞霸凌主义,老子天下第一,老子优先,看你们能把我怎么着?

老赵说:我国改革开放四十年,由一穷二白发展成世界第二大经济体。美国害怕了,认为威胁到它的霸主地位,把我国视为最大的对手。为整垮这个对手,就找了一个理由,认为我们在贸易中占了它的便宜,每年逆差两千亿美元就是证明。我们说,他们的算法有问题,他们把美国在中国开工厂生产的东西也算到我们账上了;他们净卖给我们一些不值钱的东西,高科技的值钱的东西不卖给我们,当然就会出现这么多贸易逆差。据说,在两国贸易中出现了不平衡,咱们通过谈判来解决。但美国总统不干,气势汹汹地要打贸易战,给中国出口美国的产品加征惩罚性关税,非把中国打趴下求饶不可。

老康说:今日的中国可不是昔日的中国了,我们的腰杆也硬了。来而不往非礼也,我绝不会在你的威胁面前下跪,你加关税我也加。这一加,倒霉的是双方,倒霉的是广大消费者,倒霉的是全球经济。因为世界两大经济体贸易战开打了,肯定造成世界经济发展速度减缓,甚至倒退,这是明摆着的,连傻子也能看出来。

第七章　给青年人的信

老赵的善言——自控

在《论语》中，曾子有一句话："鸟之将死，其鸣也哀；人之将死，其言也善。"如果用自然法则来衡量，像我们这些八九十岁的人，都到了"将死"之列。这是大实话。应该有此认识，没有什么吉利不吉利之说。喊万岁，万岁，万万岁，就真的能活一万岁？恨不得天天烧香磕头盼某某人早死，他就死了吗？说不定他活得更长。

现在，摆在我们面前的任务，不是进不进"将死"的行列，而是能否"其言也善"。我们几位已上八十岁、接近九十岁的老人们，在一起商量了一件事，从今天起以忏悔之心，说点在自己的人生中遇到的苦恼和问题，向晚辈倾诉衷肠，也算是我们的"其言也善"吧。

被人们誉为"杠精"的老赵，迫不及待地开了头一炮。

老赵清了清嗓子后说：我这个人最大的毛病是自控能力差。从我记事起，我好像总是斜眼看世界，看什么也不顺眼。看坏的多，看好的少；看缺点多，看优点少；看后边多，看前边少；看现象多，看实质少。因为这个毛病，所以我总与别人的想法、看法、做法不合拍，也不合群。加上我这个人脾气暴，性子急，又缺乏城府，不会隐蔽自己的观点，所以总爱与别人抬杠。人家说东，我就说西；人家说好，我就说坏。领导觉着我这个人不好领导，周围的人认为我是"刺儿头"，还有人在背后说我是"搅屎棍"。我的这个坏性格，不仅影响了上级对我的任用,而且因为我爱胡言乱语,过去差点儿被打成"右派"。我有时也后悔,下了好多次决心,一定要改掉自己这个坏毛病。但是自控能力太差,一遇到具体事,我的"旧病"马上复发,过后又恨不得抽自己的嘴巴。我希望年轻朋友,从我的身上吸取教训,要加强自我修养,提高自控能力,嘴上要加"岗哨",把好门,不能不分场所,不分是非,信口开河。不然,就是不听老人言,吃亏在眼前!

我说:老赵谈得真好。我想问一个问题,你的这个脾气,有遗传吗?

老赵说:郑兄你算问到根儿上了。我妈妈是贤妻良母型的那种人。我姥姥家的人都那样。但据说我爸爸家一串下来全是火暴脾气。有人说,好像我家上辈子,都是像张飞、李逵、鲁智深、武松这样是直爽脾气的人的后代。这大概就是为什么说"江山易改,禀性难移"吧!当然,也不能只讲客观因素,归根到底还是我修养不够,自控能力不强,改正毛病的决心不大。

老姜说:我不完全同意老赵关于遗传脾气的观点。我看你儿子脾气就挺好,不像你的火暴脾气。

老赵说:他像他妈,你们都知道我老伴儿是远近闻名的好脾气,而我孙子又有点像我。

老王说:这是为什么?

老赵说:你连这都不晓得,隔代传呀!

若想听别的老人的善言,且听下回分解。

老王的善言——恒心

之前老赵的善言受到普遍好评，特别是年轻人感觉很受用，性格直爽是好的，但人是生活在社会的大环境中，在人与人的交往中也要注意方式，加强自控能力，不能不分场合、不分时间、不分对象，信口开河。虽然有"江山易改，禀性难移"的话，但是作为一个文明人，还是要加强个人的修养，提高个人素质，要懂得必要的礼仪，这是人与一般动物的一个重要区别。

今天，老王抢着说心里话：我这个人，这辈子吃亏就吃在一直处在"一瓶子不满，半瓶子晃荡"的状态之中。不谦虚地说，我这个人不缺乏灵气，就缺乏恒劲，总是这山望着那山高，打一枪换一个地方。其实，我老王是有音乐细胞的，在兵荒马乱的战争年代，我曾对乐器产生过兴趣。开始吹口琴，后来吹笛子，再后来拉二胡，再之后又拉手风琴。结果怎么样，我是样样通，样样松；一瓶子不满，半瓶子晃荡；高不成，低不就。我自己都认为自己是个半吊子、万金油。后来，我不喜欢音乐了，觉着人这一辈子必须读书。虽然不是有"万般皆下品，唯有读书高"的思想，但我确实意识到人这辈子如果不读书、肚子里没墨水也是不成的。于是，我把余钱差不多都买了书，家里也有好几个书架子。然而，我读书缺乏耐心，今天看这一本，明天又看另一本，没有自己要专门研究的对象，没有自己的根据地，没有自己的立足之地，没有自己的一技之长。好像什么都能懂点儿，可是也没有什么深刻的、与众不同的见解。因为对事物是一知半解，却又有"响水不开，开水不响"的特点，总喜欢在别人面前卖弄，显示自己有学问。别人也总爱给我戴高帽，"遇到疑难问题找老王，他知识渊博，是活的百科全书！"听到这些话，虽然我也知道自己肚子里并没有多少真货色，但听到吹捧我的话，从头到脚都感到特别舒服，好像喝了蜜水似的。说句真话，我家里的书，有多半我没看过，它们在我家坐冷板凳，几十年我也没翻过它们一下。弄不好，还能把它们当废品卖了，来个粉身碎骨。再说写文章，我也是跳来跳去，一会儿想投稿，写首诗。投了多少次，人家报刊编辑连理都不理，连个铅印的信都不回；我又改写小说，更是没人理睬；后来我又写理论文章，不错，刊登了几篇，结果是"批判"稿。过了几年被批的对象"平反"了，自己的文章反而变成大毒草。吓得自己出了一身冷汗。结果我至今没留下一点研究成果，没出版过一本书。现在网络上有了自媒体了，不用向报社投稿，可以自写、自校、自发，只要写得好，粉丝成千上万，但我已经心有余而力不足，写不动了。据说，人家有些专家，一辈子就死扭住一个研究对象，一搞就是几十年，所以，他们虽然在别的方面不懂，但人家是"一招鲜，吃遍天"。我什么都没有，一直处在一瓶子不满，半瓶子晃荡之中。这就是我的教训。

老赵虽然对老王这些语重心长的话很赞成，但他抬杠已成习惯。他发话了：老王说的有道理，但我认为各行各业的专家是极少数，全世界七十亿人，至少有五六十亿人处于一瓶子不满，半瓶子晃荡状态。这很符合我国古人倡导的中庸之道。官儿不能当的太小，小了人家看不起，但也不能太大，爬得越高跌得越重；挣钱不能太少,少了难以养家糊口,但也不能太多,太多了也会招来杀身之祸。我觉着在一定意义上就是一瓶子不满,半瓶子晃荡。我的瓶子里水不满,但有半瓶子,够我喝的了。装满了有什么用?不是有句话嘛:不骑马,不骑牛,骑个毛驴,当中游。一瓶子不满,半瓶子晃荡,基本上就是中庸之状,基本上就是骑毛驴之状。而且,两头小,中间大,纵观全世界的人,我觉着多数处在一瓶子不满,半瓶子晃荡之中。别人我不敢说,反正我老赵就半瓶子晃荡了一辈子,还在晃荡!

老王的善言,被老赵泼了一瓢凉水。你们说,他俩说的谁更有理?

想知道别的老人的善言,且听明天分解。

老康的善言——节制

老赵的善言获得一边倒的赞成，而老王的善言本来谈的津津有味，被老赵一搅，出现了分歧。有分歧是好事，比舆论专一强。不是有句流传得很广的话嘛："一千个人眼中有一千个哈姆雷特。"有分歧，说明思想解放。有分歧，说明民主气氛浓厚。有分歧，说明真理越辩越明。

昨天，老康就跟我"预约"，今天他要说，不吐不快。我问康兄：能否透露一下要说的内容？老康说，暂时保密，什么事情要是沉不住气先说出来，就没意思了，我要一鸣惊人！

这不，现在老康拣他人生中教训最深，也是最丑的事情开口了：人们都说，酒色财气乃万恶之源。我这个人在色上没出过轨，这倒不是说我就没有一点花花肠子，而是过去组织上在这方面对干部要求极严，若在男女关系上出了事，轻者要受处分，重者会身败名裂。所以，我即使有贼心也没贼胆。在财上，领导卡的也很严，过去较长时间实行供给制。后来的薪金制也属于低薪，只够养家糊口，所以我养成了俭朴的生活习惯。直到现在，我还是大部分情况下拣晚辈的衣服穿。逢年过节孩子们给买几件新衣服，一问价钱上千元，孩子们挣钱也不容易，这比花我自己的钱还让我心痛。再说气，我这个人和赵兄不同，我万事想得开。听到有人在背后骂我了,我就想:哪个背后不说人,哪个背后不被说。连身居高官的人都挨骂,更何况咱这小人物!再说酒,是我的薄弱环节。不知为什么我对酒有超乎寻常的喜爱,只要见了酒,我心里就痒痒。在战争年代,我的水壶里装的不是水,是酒。冲锋陷阵之前,我咕噜咕噜地喝几口,红着眼睛就冲上去了。仗打胜了,回来喝庆功酒。人家喝酒掌握个量,而我喝酒从来不考虑喝几两,常常是一醉方休。这已经不是喝酒,而是酗酒了。在喝酒上,我常逞英雄,总觉着不把对方灌醉,心不诚,不够意思。自己不喝醉,耍滑头,为人不实在。因此,我好多回都是醉得不省人事,被朋友架回家的。在酗酒后,我和我老伴儿生了五个儿女,其中有两个傻子,其他三个都很聪明,还出了一个博士和一个教授。这我不用多说,咱们是多年的邻居,你们看得都很清楚。说来也怪,越是傻孩子,我们越亲,在他们身上付出的力气比健康孩子多上百倍。现在,他们一个五十三岁了,另一个也四十八岁了,每天守在我们身边。这些年我和老伴儿随着年龄的增长也进入"将死"的行列了,不能不考虑,我们死后,有谁会像我们这样无微不至地照顾他们呢?这都是我酗酒给孩子、给家庭、给社会,造的孽呀。

男儿有泪不轻弹,只因未到伤心处。说到最后康兄老泪横流,泣不成声,再也说不下去了。

今天有点儿反常。过去我们的龙门阵,一人说后,总有人搭腔。而老康说后,连老赵如此爱抬杠的人,也一声不吭了。大家似乎都陷入了沉思。

此处无声胜有声。一切尽在不言中!

老张的善言——管教

老赵说：昨天我看到一条新闻，说我国正在逐渐形成一个亿万级的庞大市场，其能解决三千多万人的就业问题。我被这条新闻的标题吸引住了，赶快戴上老花镜看看这是个什么市场？原来是因为"全面二孩"时代的到来，对月嫂的需求越来越多，妈妈们对月嫂综合服务质量的要求也越来越高，月嫂出现了供不应求的局面，这个巨大市场的出现真是令人惊喜。看了这条新闻，我老赵的第一反应就是，有没有"月爷市场"。别看我岁数大，但身体好，会讲故事，会打扫卫生。而且现在都用尿不湿，又不用洗尿布，加上我特别喜欢孩子，我当"月爷"一点儿问题也没有，肯定比月嫂强。

老姜说：老赵你拉倒吧，异想天开！你还想当"月爷"，我看你当"月太爷"还差不多，只可惜没人要。

老张说：虽然老赵说的有点儿不太靠谱，但也不是一点儿道理都没有。我看到网上公布的《陕西省 2017 年人口发展报告》，其中就说我国人口健康状况有很大的改善，寿命普遍延长，因此，鼓励老年人再就业，这对老年人自身与整个社会的发展都大有好处。

老赵说：这份报告我也看了，人家指的是六十多岁的人。我是开玩笑,像咱们这些八九十岁的人,都要请人来照顾,更别说要再就业了!

闲言少叙,言归正题。

老张说:前面几位老兄都留下了善言,我想说说我在对孩子的管教方面吸取的极为惨痛的深刻教训。大家知道,我家的小三被判过无期徒刑。进去后因在监狱里表现好,改判为十六年有期徒刑,后又减为十二年。到了第七年,因表现一直好,被提前释放。我这个孩子从小就老实巴交,从他身上真挑不出什么坏毛病。他的问题出在跟着一帮子品行不端的坏孩子跑。这帮孩子中有"领袖"级的人物,对这帮孩子统治很严,他让干什么,哪个孩子必须照听照办,如有不服从和反抗,就要受到孤立与惩罚。这些孩子也怪,没一个敢反抗的,都被他"统治"得服服帖帖。因为我家小三是随大溜跑的孩子,这些孩子们干了坏事,也没人到我家告状。我根本不知道他整天与什么孩子混在一起。后来,我家小三当了兵,在部队还立过功,复员后当了警察。这期间他和他过去的那帮小兄弟,一直保持着来往。一天,他过去的一个头儿找到他,说他们要去抓坏人,要借我儿子的枪用一下。我儿子浑不浑,竟把枪借给了人家。这坏小子与另两个人,持枪去抢银行未遂被抓。审问他的枪从哪里来的?他供出来是从我儿子那借的。这样,就把我儿子抓进去了。他也老老实实地承认枪是他借给从小就在一起玩的朋友去抓坏人用的。不管怎么说,一名警察,竟把手中的枪借给坏人去抢银行?这件事的性质十分严重。恰巧又遇上严打时期,我儿子把警察的枪交给坏人去作案,被判了无期徒刑。当时我后悔死了,我千百遍地问自己,我怎么从来未过问过他从小接触的是些什么人呢?

我说:这就叫近朱者赤,近墨者黑。老张的孩子虽然本质上不坏,他被提前释放后,我们也看到孩子表现真的不错。但他由于从小与坏孩子们混在一起,后来又没割断关系,一直相信人家是好人,不会干坏事,连枪都敢借给人家,这才付出了这么大的代价!在这方面,当家长的一定不可掉以轻心,永远从心底牢记近朱者赤,近墨者黑的道理! 否则,以后悔恨晚矣。

老申的善言——亲情

这次老申兄抢着发言,而且提出一个条件,希望大家在他说话的时候,不要插话,以免把他的思路打断。

老赵说:有话明说,这分明是冲着我来的。我保证用一个营的兵力把住嘴,洗耳恭听。

老申开腔了:上边几位老兄的善言,只要细细琢磨,真的都很受用。真理往往不在书上,而在生活之中。书上的真理也来源于生活,因此有句名言:理论是灰色的,而生活之树常青。我今天主要结合我家的实际情况,说一说我的一些感受。

老申平时不太沾酒,但烟瘾很大。他的突出特征是手指头缝里总夹着一支烟。他吸了口烟,从嘴里吐出了个烟圈升上天之后,接着说,你们想必还记得由车行先生作词、戚建波先生作曲、陈红唱遍大江南北的那首《常回家看看》吧?什么"找点儿空闲,找点儿时间,领着孩子常回家看看;带上笑容,带上祝愿,陪同爱人常回家看看。妈妈准备了一些唠叨,爸爸张罗了一桌好饭。生活的烦恼给妈妈说说,工作的事情向爸爸谈谈……"现在可倒好,回来的越来越少。有个什么事发个视频,上几张照片,要买的东西通过快递送上门了,我也不用张罗饭了,外卖送到家,吃完了,不用"再帮妈妈刷刷筷子洗洗碗,也不用给爸爸捶捶后背揉揉肩",离开家时,

237

将一次性的餐具一收,掷到垃圾桶里完事。儿女孙子们回来干什么呢,一进门手里一人一部手机,每人占领一个有利地形,闷着头玩手机,有时还傻笑,咱们连句话也插不上。你的唠叨,没人听,工作的事情更没人跟咱谈。我怎么越来越觉着,家庭内部人与人的关系在发生变化。经济关系复杂了,情感反而简单化了。例如,我家有四个孩子,家里三室一厅加起来也不到一百平方米。我们老两口还没咽气,就开始惦记上我们的这套房子了。有的孩子现在住的比我们还宽敞,也不愿主动放弃继承权,非要平均分。有的偷偷让我们写遗嘱,把房子的继承权给他。我一碗水端平,这样的遗嘱我坚决不写。可我女儿是她妈的小棉袄,偷偷哄着让她妈写。她妈稀里糊涂真写了。她拿到公证处去公证,人家不仅要爸爸妈妈、哥哥、弟弟全到场,立字画押正式表示他们要放弃继承权,而且还要开出已去世多年的爷爷奶奶、姥姥姥爷的死亡证明。这下傻了眼。还好,我家为房子之事还没对簿公堂,有多少家兄弟之间为分房子形同仇人,打的、骂的一塌糊涂,真是亲骨肉之间为几间破房子自相残杀呀。我真想不明白,世道怎么会变成这样?

在说的过程中,老申连抽三支烟,情绪十分激动。大家担心他犯了心脏病,劝他别往下说了。

等老申说完后,老赵只说了一句:我越来越体会到真是"家家有本难念的经"。

老李的善言——起跑线

很少有这种情况，昨天晚上老李给我打电话，说他心口堵得慌，不吐不快，请求明天让他先吐善言。我说：没问题，明天别人都靠边站，就让你李兄先讲。

这不，大家都等着老李讲，而老李光一口一口地叹气，心事重重，就是不开口。

急性子的老赵沉不住气了：老李你这葫芦里到底装的什么药？有话就说，有屁就放，总这么闷着，把人急死了。

我说：老赵别急，说不定老李能冒出个关系到国家命运和前途的特大问题。

老李终于开口了：你们说，现在咱们人的活法，是否颠倒个儿了？正常情况下，是从小到大里活，一步一步地来。每个年龄段有每个年龄段的任务，在特殊情况下，允许有小的跳跃，但就整个发展阶段来说，他是不能超越其发展阶段的，一旦超越了发展阶段，那是要出大娄子的。我们家孩子多，又已经四世同堂。我有两个重孙子和一个重孙女。本来应该是玩的年龄，但是，社会上却流传一句话：不能输在起跑线上。老郑，你家老大郑渊洁有篇文章，主张要让孩子"输"在起跑线上。虽然，此文发表后一片赞扬之声，但是依我看，大部分家长的心理还是怕自己的孩子输在起跑线上。我的几个儿媳妇尤甚,整天琢磨着不能让自己的孩子落在别人家孩子的后边。现在的起跑线越画越近,恨不得画到肚子里去,从怀孕的那天起,就输入胎教,隔着肚皮让胎儿听音乐,听唐诗宋词。莫扎特、肖邦、李白、杜甫、苏东坡等千年老爷爷就成了还没成人形的胎儿的老师。等孩子出生后,接着进行各种教育,在生活中也怕这怕那,好像生的不是孩子,而是颗原子弹,生怕爆炸一样。接下来,孩子不到三岁就上好幼儿园。这还不够,还要报音乐班、舞蹈班、美术班、钢琴班,更奇怪的是,连中国话都没说利索,就报什么外语班。等孩子上了小学后,作业多得压的孩子喘不过气来,比大人的工作压力还重。一个幼苗本来是该玩的时候,该享受童年的时候,却被压成近视眼和小罗锅了;他们对学习的兴趣不是越来越浓,而是越来越淡,甚至到了厌烦的程度。好不容易熬到考上大学了,他们误认为学习结束了,这下可熬到头了,思想一放松,把课本撕得粉身碎骨,一群同学喝酒狂欢,干出不少出格的事,出了人命的都有。考上大学后,本来正是用功、为攻克知识堡垒艰苦攀登的黄金时代,而他们却感到学腻了,对读书一点儿兴趣也没有了。有的沉迷于玩乐,连课都懒得去上,写论文雇"枪手"代笔,好像自己的任务就是混个文凭,从而万事大吉。我问过一些从美国和加拿大等国回来的留学生,据他们说,在外国,小孩子主要是玩,学习也很自由,压力是随着年龄的增长而逐渐往上加的,进入大学后功课压力特重。不像我们是颠倒的。我们实际上干的是在拔苗助长,是在毁我们的下一代!

听了老李这一番话,老赵说:记得梁启超先生说过,少年强,则中国强。如果这种颠倒的活法不立即转变,我们将变成近视眼王国、罗锅王国、死记硬背王国、缺乏想象力的王国、小孩子说大人话大人说小孩子话的王国。

　　我说：鲁迅先生曾喊过，救救孩子！孩子现在的这种遭遇，实际上是大人与社会造成的。因此，在高喊救救孩子的同时，更要高喊：

　　　救救大人！

　　　救救社会！

老何的善言——邻里

在我们这个群里，如果是哑巴也会说出话。老何一向以"沉默是金"著称。大家问他为什么总不说话？他说：说的大部分是废话，别看自我吹得多么邪乎，但经不起推敲，特别是经不起时间的考验。与其说废话，还不如干脆不说。今日的老何破例要说话了。因为他已经九十岁了，也进入"将死"的行列，岂能错失良机，不把善言留下！

老何说：咱们小的时候，人们都追求大同世界。孙中山先生有句名言："天下为公，世界大同。"大同世界有许多标志，例如，政治上民主，经济上平等，耕者有其田，没有人剥削人的现象，社会上人与人的关系和谐、互帮互助、夜不闭户、路不拾遗，绝不会鸡犬之声相闻老死不相往来……当然，这里边有某些空想成分。但是不管怎么说，它总是我们应该追求的美境。

老何喝了一口水后说：我怎么觉着人与人的关系变得越来越复杂，互相之间的距离越来越疏远。现在似乎是国门大开，家门紧闭。起初是家家户户安装防盗门，之后发展到安装防护窗，再后来不仅住一层的人家安，二、三、四、五层也安上了防护栏。这是过去监狱里才有的装备，现在移植到平民百姓家了。

老赵说：老何你能允许我插几句话吗？老何说：我这个人从来

不搞一言堂,你随便插。

老赵说:过去咱们住大杂院,七八家人住在一起,虽然也有矛盾,但总的来说邻居之间的关系特好,平常、特别是过年过节,每家炒几个拿手的菜,大家凑到一起又吃又喝,又说又笑,有时还唱几嗓子,真是其乐融融。大杂院里青梅竹马的婚姻,都成了小说和电影的绝佳题材。现在可倒好,搬到高楼大厦之后,真的实现了鸡犬之声相闻,老死不相往来了。有次我去儿子家,我问他,你对门这家人是干什么的?儿子说,我和对门的人对了十几年了,没见过几次面,偶尔见了面,要不低头装看不见,要不只点下头,谁也没迈进过对方的门槛。

老何接着说:我把现在邻里之间的关系,概括为四种类型:一种是全面战略合作伙伴关系。如同常说的那句话:"远亲不如近邻,近邻不如对门",互相常有来往,常有关照,出远门是可以把大门上的钥匙交给对方,帮助浇花,看水电,代收报纸和信件的那种;第二种类型,一般战略伙伴关系。互相比较友好,也有来往,偶尔在某些方面可以帮点忙,但到不了交钥匙的那种亲密程度;第三种类型,和平相处。虽然对对方不知底细,也没什么来往,但可以相安无事,谁也没打搅谁;第四种类型,敌对关系。经常为一些芝麻大的小事找上门来,或打电话干扰对方,有时还破口大骂,大打出手,恶人先告状,连派出所的片警都来调解了。我的体会是,如果能碰上个好邻居那真是上辈子修下的德,可遇不可求呀!比如我与你们几位在一起,就感到特别舒畅。

假如有一天家家户户的护栏都拆了,我们就向大同世界靠近了一步。

老黄的善言——老伴儿

老黄是位很有风度的老人。平时虽话不多，但言必有中。大背头，戴副眼镜，衣着得体，总是干干净净。每次聊天，他不抢先，但也不垫底，估摸着该他开口了，他总是不紧不慢地发表自己的看法。老黄对曾子说的"鸟之将死，其鸣也哀；人之将死，其言也善"的名言，非常赞赏。

他说：今天我也说上几句。毫不夸大地说，我老黄的家庭是很幸福的。我与我老伴儿是属于青梅竹马、两小无猜那种。结婚后虽长期两地分居，但只要见一次面她就给我怀一个孩子，我们先后生了五个儿女。这五个儿女之中，虽没有出类拔萃那种，但个个身体健康，该有的"零件"全都配备齐全。全面衡量，我的孩子都在及格以上，个别的达到优秀程度。特别令我们高兴的是，我家的这窝孩子都安分守己、遵纪守法，没有家庭麻烦的制造者。因此，我们睡觉都很安稳，不怕半夜鬼敲门。我对我家的状况是相当知足的，由于知足，所以常乐。

老黄说到这里把话题一转：谁知天有不测风云，人有旦夕祸福。在我老伴儿六十五岁时，感到身上乏力，后来又吃不下饭，还伴有呕吐。我和孩子们一再劝她上医院检查，而她脾气很硬，总说没事，挺些日子就会好的。拖了大概有两三个月，她终于支撑不住了，同意去医院。经检查确诊为肝癌晚期，肚子里已有积水。再大的医院、再好的大夫，对这种病也无回天之力了。全家人想尽办法找偏方，特别是孩子们都感到他们妈妈辛苦了一辈子不容易，正应该享清福的时候，阎王爷却下了通知单，这太不公平！恨不得把所有的积蓄都拿出来，给阎王爷送礼走后门，商量能否暂缓给他们妈妈发死亡通知书？谁知这位阎王爷油盐不吃，铁面无私。从发病到去世不到半年。这突如其来的打击，孩子们哭成一团，连我老伴儿养的那只小狗都不吃不喝了。这时，只有这时，我真感到我家的半边天塌了。

老黄本是位硬汉子，说到此直掉眼泪。老黄说：老伴儿虽然走了，但这日子还得往下过。过了几年，向我提亲的人越来越多。开始我一概谢绝，决心终身不娶。谁知后来孤独感越来越重，屋里连个说话的人也没有。孩子们也看到我整天发愣，劝我再找个老伴儿吧！在六十八岁时，我才松了口。接下来介绍对象的人像走马灯似的向我家走来，打电话的更不计其数。

老黄说：第一次向我介绍的是位从未结过婚的大学教授，介绍人说得像朵花似的。我思来想去，我这个老粗，岂能配得上人家教授？后来，又有人向我介绍了一位比我小三十岁的女青年，人家一再说，不嫌我年纪大，热爱老首长，乐意伺候老首长。又被我谢绝了。再后来又介绍了位爱跳广场舞、爱满世界旅游的女士，但我这个爱安静的人，与这种人实在难以生活在一起。前后介绍了不下十六个，最后我与孙女士结合了。

老黄叹了口气后说：再婚后，我深深体会到"组装"的不如"原装"的。首先双方的生活习惯不一样；经济收入怎么开销有矛盾；两家孩子怎么一碗水端平更难。特别是到了过年过节我就更犯了难。例如,我想给我孙子压岁钱,想给哪个孩子家生活上补贴点儿,常常弄得不愉快。磨合了三年,总也磨合不到一起。有时,还为一些事争执得不可开交,许多难听的话都招呼上来了。矛盾不可调和,只好协商分道扬镳。我是一朝被蛇咬,十年怕井绳。好不容易离婚后,摆脱了套在我脖子上的枷锁,成为自由人,我感到非常自在。所以我一直打光棍打到现在。这中间谁来说破天,让我再找个老伴儿,我也不干了。后来,我的孩子们经常回来看我,冰箱里装得满满的,我想去哪儿,一迈开腿就走。我的体会是:如果失去老伴儿,只要挺过八十岁,基本上就没人再来给你介绍对象了,个别特殊情况者除外。

老赵说:老黄说的这些我没体会,因为我那个老伴儿一辈子缠着我,也不嫌我脾气不好,死活不走。我失去了一次再婚的资格。不过,你老黄找的那位是差点儿,太自私,光顾她家孩子,自从你与她结婚后,你的孩子很少回家,我们都看出来了。不过,也有一些老人再婚后过得不错。具体问题具体分析。大文豪托尔斯泰不是说过,幸福的家庭是一样的,不幸的家庭各有各的不幸嘛!

老王说:今天太阳从西边出来了,老赵嘴里也冒出托尔斯泰的话了……

老韩的善言——精力集中

由于我们老人的善言,是结合自己切身最深的一点体会而发的,所以受到朋友们,尤其是年轻朋友的高度重视,好评如潮。如果说了没人听,再善的言也是白搭,咱们说着也就没劲了。

今天老韩有点儿沉不住气了。他说:我这个人这辈子干具体活还可以,就怵说话,特别是上台说话。我看你们说的都挺好,把我也传染了,要不,我也来几句?

老赵说:是感染,不是传染。感冒、"非典"、肝炎,那才叫传染。说话是受到感染。

老韩说:其实在这里我说传染也没什么原则性的大错。老赵挑眼了,我就改成感染吧!现在,我说一点儿我这辈子最深的感受:

我回想了一下,我这个人吃亏就吃在当了一辈子"吊灯",而没有当"台灯"。吊灯的光是散开的,而台灯的光是聚在一起的。它灯下亮,灯罩遮住的地方暗。我的毛病就出在不善于把自己的主要精力集中在一点上。在这一点上,我有超群的知识、超群的智慧、超群的想象力,而在其他方面,我宁愿当个呆子。现在是信息爆炸的时代。全世界这么大,几十亿人口,每个地方发生一件"人咬狗"的新闻,随即通过手机发到挂在天上的卫星上,又通过卫星发射到千家万户。试想,我们每天要接收到多少信息?各种信息又是非常离奇的、好玩的、矛盾的,真假交织在一起。如果咱们没有"台灯"的本领,把许多乱七八糟的信息拒之门外,那就干脆不听不传不信这些东西。我们总不能生活在这种纷繁杂乱的环境中,白白耗费我们宝贵的光阴吧。如果不当"台灯",光当"吊灯",我们这辈子将一事无成。

我说:老韩兄说的这个问题极为重要,把这件事比作"吊灯"与"台灯"也十分形象。现在的关键是要从乱中求静。诸葛亮为什么聪明,除了天赋之外,就是他善于"淡泊以明志,宁静而致远",这是他一生的座右铭。在他那个时代,信息那么不发达,他还强调宁静,只有宁静,才能致远。何况现在乎?

老赵说:我查过,诸葛亮的这句名言的版权,是西汉初期有位名叫刘安的学问家说的。刘安的原话是:"非澹泊无以明智,非宁静无以致远,非宽大无以兼覆,非慈厚无以怀众,非平正无以致断。"诸葛亮在此基础上有所发展,有所概括而已。加上诸葛亮的名气比刘安大,所以后人都以为是诸葛亮的原创了。

老王说:不管是谁说的,我认为老韩今天说的这个"吊灯"与"台灯"的关系问题十分重要。由于"吊灯"太多,"台灯"太少,人们的精力集中不到一点上,这大概就是现在教授多而大师少的一个重要原因。

老徐的善言——幽默

老徐说:我听大家的善言都很入耳,确实是发自肺腑之言。我这个人一生平平淡淡,家庭也没什么大事,可谈的不多。我就感到自己活的一点儿也不生动、不逗笑,缺乏幽默感。听人说,幽默是智慧剩余的外在表现。看来,我这个人缺乏智慧。因此,总说不出幽默的话来。

老王说:开句下流庸俗的玩笑比较容易,但是要说出骂人不带脏字、又引人深思、令人忍俊不禁的话来,可不容易。有人问爱因斯坦:在家里你和你的夫人怎么分工?爱因斯坦脱口而出,我管大事,她管小事。但我家里从来没什么大事。又有人问他:你认为什么样的老师才是最好的老师?他说,能培养出连他自己都崇拜的学生的老师是最好的老师。有人对他说,你的相对论太不好懂,能否用最通俗的语言表述一下?爱因斯坦说:"你和一个美丽的姑娘坐上两个小时,你会感到好像只坐了一分钟,但是要在炎热的火炉边,哪怕坐一分钟,都好像坐了两个小时。这就是相对论。"

老赵说:要能做到幽默,必须有自嘲精神。我看到一篇文章里说,国画大师张大千先生在一次宴会上,他端起酒杯向京剧大师梅兰芳敬酒说:"梅先生,你是君子,我是小人,我先敬你一杯!"此话一出,在场的人都感到不解。张大千说:"君子动口不动手。你唱戏动口,我画画动手。所以,你是君子,我是小人。"说的全场人都笑了。

老张说:要做到幽默,脑子反应必须极快。一次歌德在公园的一条小道上散步,正好对面走过来一个他很讨厌的批评家。冤家路窄,走到面对面了,这位批评家说:"我这个人是从来不会给傻瓜让路的。"歌德马上说:"我这个人恰恰相反。"说完闪身让路。

老李说:我看到有位作家戴了顶破帽子上街。几个赖皮小子笑着说:"喂,你脑袋上那个玩意儿是帽子吗?"这位作家马上反问了一句:"你们帽子下面那个玩意儿是什么东西,是脑袋吗?"

我说:最近我看到田永清同志写的一篇文章。文中介绍了田家英同志做报告时,对生与死的意义有个很幽默很深刻的表述:人总是要死的。有人逝去,生者捶胸顿足、悲痛不已,这些人可以说"死在脚上"。有的人死后人们喜在心上、拍手称快,这种人可以说"死在手上"。因此,作为一个革命者,应死在脚上,而不应死在手上。

老康说:有位叫马识途的著名作家,今年一百零四岁了,还在"疯"写,这几年,几乎年年都有新书出版,姜文导演的电影《让子弹飞》,就是根据他老人家的小说改编的。他两次患癌症,都挺过去了。有人问他长寿与"疯"写的经验。而他说:"我也不知道怎么搞的,一活就活到现在,今年都一百零四岁了,好像另外一个世界给我的通知书搞丢了。"马老用幽默回答了提问。

我们生活应该有趣,要学会幽默,不要总是板着面孔说话。

幽默是一朵永不凋谢的智慧之花!希望人人摘取它。

老胡和老姜的善言——周期率与内因论

老胡说：过去提倡学点历史，学点哲学。在学历史中，我对1945年黄炎培先生在延安与毛主席的"窑洞对话"，也就是通常人们所说的那个著名的"周期率"非常重视。我几乎能一字不差地背下来。因为它是揭开历史奥秘的一把钥匙，有很高的实用性。不信，我虽然老了，记忆力下滑，但我还可以背下来："我生六十多年，耳闻的不说，所亲眼看到的，真所谓'其兴也勃也''其亡也忽焉'，一人，一家，一团体，一地方，乃至一国，不少单位都没有能跳出这周期率的支配力。大凡初时聚精会神，没有一事不用心，没有一人不卖力，也许那时艰难困苦，只有从万死中觅取一生，既而环境渐渐好转了，精神也渐渐放下了。有的因为历时长久，自然地惰性发作，由少数演为多数，到风气养成。虽有大力，无法扭转，并且无法补救，也有为了区域一步步扩大了，它的扩大，有的出于自然发展，有的为功业欲所驱使，强求发展，到干部人才渐见竭蹶，艰于应付的时候，环境倒越加复杂起来，控制力不免趋于薄弱了。一部历史，'政怠宦成'的也有，'人亡政息'的也有，'求荣取辱'的也有，总之没有能跳出这周期率。"黄老的这个周期率，只有百来字，字字值千金！很需要我们反复深思呀！

老姜说：在学哲学中，我主要学了一个"孵小鸡"的内因论。在哲学中有许多观点，什么对一统一、质量互变、否定之否定，还有什么本质与现象、内容与形式、原因与结果、必然与偶然、可能与现实，等等。但我牢记：外因是变化的条件，内因是变化的根据，外因通过内因而起作用的观点。最形象的说法是，在一定温度下，能把鸡蛋变成小鸡，而不能把石头变成小鸡。外部条件决不可忽视，在特殊条件下它的作用也很大，但是应该把注意力放在内因上。如果不从内因上找问题，那就本末倒置，甚至找错了地方。

老王说：我赞成这个观点。秦灭六国，不在秦，而在六国也；秦亡，在秦也。以此类推，历朝历代的灭亡，都是内部烂了。连蒋介石都说，我们是被国民党自己打败的。苏联的分崩离析，外部不费一枪一弹，也是内因起了最为决定的作用。这就是堡垒最容易从内部攻破的道理；这就是苍蝇不叮无缝之蛋的道理；这就是君子之泽五世而斩的道理；这就是颠覆都是从内部开始的道理。古人云：祸起萧墙呀！还是把我们国内的事情搞好，把人心理顺，只要我国人民安居乐业，心情舒畅，拧成一股劲，天大的困难也能克服和战胜。要不然真要变成"政怠宦成""人亡政息""求荣取辱"了。

老江的善言——克制

　　今儿个,老赵有点儿反常,一上来他老兄就说:人之将死,其言也善,那么人之已死,是否其言更善?大家停了几分钟,才缓过劲来:老赵呀,老赵,已死的人怎么还能言,既然不能言,何来的更善?

　　老赵则说:和我一起参军,参军后在一个战壕里生死与共的战友老江,在他患胃癌后,我去医院看他,他当时拉住我的手,让所有的人全退下,单独与我谈了他一生最重要的教训,真是语重心长呀,真是肺腑之言呀,有些话虽然糙,但话糙理不糙,比《红楼梦》中薛蟠说的那些话文明多了。我今天和盘托出,也算追忆老战友的善言吧。

　　大家说:原来如此。请老赵向我们叙述老江的善言。

　　老赵说:我的好友老江那天对我说,阎王爷给我的通知书已发出了。正走在路上,我收到后就去报到。在我离开人世前,我想把存在我心里多年的话,向你这位老战友倾吐出来,有机会请你给晚辈们说说,也算我没白活一世吧。

　　老江说:根据我一生的教训,作为一个大男人,一定要管好自己的三个"巴":

　　第一是嘴巴。嘴巴这个器官非常重要。食物从这进去,以维持生命;话从这儿出去,以实现人与人之间的交流。但它也有两重性,病从口入,祸从口出。我吃东西不注意定量与按时,也不太注意卫生,所以得了胃癌。而我一生犯的许多错误,特别是在政治运动中犯的错误,无不与我嘴上没个好把门的有关。我爱放炮,挨过好多次批判,好在还没划在敌我线上,都在边沿上晃悠。每次挨批后,我就暗下决心:言多有失,以后说话可要注意。但一遇到情况,又旧病复发。我这一辈子好多亏,就吃在我没管住我的嘴巴上。

第二是尾巴。孙悟空爱翘尾巴,有时把它的尾巴翘到天上,连玉皇大帝都烦。我这个人公认的能打仗,多次立过战功,也负过伤。平时在工作中组织领导能力强。但我这个人就是爱翘尾巴,对领导不太尊重,对同级看不上,伤人太多。我常常过高估计自己的力量,不知道自己吃几碗干饭。结果是,我翘一次尾巴吃一次大亏。在许多情况下明明我做得对,但人家就是不买我的账。我几乎成了孤家寡人,众叛亲离。看来,人要低调,要夹着尾巴做人,不要太张扬,不要自吹自擂,不能锋芒毕露。也就是说,要管好自己的尾巴。

第三是×巴。 不要认为此话粗,不知为什么人身上的这个器官叫什么都不好听。咱们就随大流也跟着这么叫吧!你知道,在男女关系上,我一生之中犯过两次大错误,一次留党察看,一次降了一级。这都是由于我思想不坚定,对自己要求不严,关键时刻没管住自己的那个东西,也就是常说的"英雄难过美人关"。现在反腐败中揭发出来那些贪官,几乎无不例外的都搞权色交易。这个教训极为深刻,应引以为戒。

听了老赵转述他的老战友老江同志的这些临终善言,我们大家都觉着非常深刻。看来管好自己的"三巴"非常重要。

老杨的善言——"剩女"

一直只听不说的老杨今天终于开腔了。他说:难道你们嘴里都吐善言,而我嘴里就没有?我也想说点儿心里话,不吐不快。

我说:别看杨兄平时沉默寡言,但我早就觉察到他肚子里有货,只是藏而不露,轻易不说。一旦开口,就有分量。

老杨说:郑兄过奖。在大家的启发下,我说说把我们全家急死的超龄大姑娘小芳。

我问:小芳今年多大了?

老杨说:她是八月十五生日,今年快三十五周岁了。这孩子生性内向,不爱言语,不大合群。从小人们都说她是个小大人,做功课根本用不着我们催,考试成绩总是名列前茅。从小学到初中,从初中到高中,从高中到大学,她都是靠成绩开路,我们从来没为她托过关系,送过礼。因为前边的门对她已畅通无阻,就不必走后门了。在大学毕业之前,她妈妈老嘀咕:谁谁家的女儿领回对象了,咱小芳这死丫头像根木头一样,怎么一点儿动静也没有?我说,老婆子,你急什么?小芳名牌大学毕业后,又考上研究生。研究生之后,又读博士、博士后,这没完没了地念书,一晃就过了三十岁。她妈越来越急,说真的,我也急。但小芳根本不急。她妈拐弯抹角地套人家的话。女儿说,妈,你烦不烦呀?就这样一直拖到现在。拖成人家说的"剩女"。本来各方面都特优秀的姑娘,怎么就成"剩女",好像是人家挑剩下的没人要的女人了?

我说:老杨,请老兄不要为女儿的婚事悲观,你的女儿绝对是优秀的。我看到一篇文章中说什么:"剩女"是分等级的,二十八至三十岁属于剩饭级,三十至三十五岁属于腊肉级,三十五至四十岁属于骨灰级。有的人把这个群体视为悲观群体、弱势群体、无望群体,被人瞧不起的群体,甚至是见不得人的群体。根据我的观察,"剩女"一般是才女,"剩女"一般是美女,"剩女"一般是高端女,"剩女"一般是高傲女。这个群体绝对是藏凤卧娇的群体,绝非什么弱势群体。老杨,请告诉你家小芳,就说郑叔叔说的,看人不要用显微镜、透视仪、B超等先进工具。因为世界上没有完人。有时,认真是一门学问,糊涂也是一门学问。水至清则无鱼,女至察则无夫呀!我保证明年小芳就会给你们领回个帅哥,不,帅婿。

老赵说:我这个人不大看得起别人,但老郑的话我服气,他说话有点儿神,这些年他说对了好多事情。说不定托他的吉言,你家小芳明年就迎来大喜之年。

老杨说:真要是那样,我请大家喝喜酒!

老张的善言——保健品

　　我们的龙门阵,自从开了"善言"篇之后,老人们心情舒畅,都踊跃发言,拣自己体会最深的说,从这里可以看出人生百态,有成功的经验,也有失败的教训;有自己的观点,也有生动的故事;有世界大事,也有鸡毛蒜皮的小事。以小见大,以近见远,以低见高,以此见彼,受到大家的欢迎。什么是生活?这就是生活。正所谓:理论往往是灰色的,生活之树常青。

　　老张说:今天我想说说我家那口子和保健品的故事。我的老伴儿省吃俭用了一辈子,舍不得吃,舍不得穿,那真是新三年,旧三年,缝缝补补又三年。这么抠门,存下几十万元。进入老年后,却把这些存款,基本上花在买保健品上。某些保健品的行业专家,非常精通老年心理学。他们紧紧抓住老年人怕死、一心想长寿这个核心,在这方面大做文章。你不是睡不着嘛,我有睡眠枕头、睡眠被子、睡眠床,睡上去一觉到天亮。你不是消化不良嘛,我这里有各种有助消化的食品。你不是腰腿疼嘛,我这里有各种补钙的食物,吃上保证你广场舞跳得欢。你不是便秘嘛,我这里有各种通便的东西,只要吃上,保你畅通无阻……而且人家的服务态度好极了,常常派车来接她去一个地方听各种专家做报告,还无偿地品尝食品、量血压、量血糖,量一切能量的地方。最后,我老伴儿每次都买回五花八门的、包装很讲究的、大包小包的保健品。可是,买回来的这些保健品,她又不怎么吃,给孩子没一个愿要。结果越堆越多,差不多堆了一屋子。几十万块钱就这么让她全花出去了。该腰疼还是疼,该便秘还是便秘,该睡不着还是睡不着。为此事,我与老伴儿吵过好多次,劝她别太迷信保健品,她就是听不进去。

老赵说:我家那口子与你家的那口子犯的一个病,有次我说她不要把钱都掷在保健品上,她却说吃保健品可以长寿:"别嫌工资少,先把老命保。只要老命在,一分也少不了。你把老命丢,国家全没收。平时省得多,全为儿女落。你能带走的,就是个骨灰盒。只要你命长,工资还要涨。只要能吃饭,钱就不会断。只要还有一口气,每月都有人民币。不怕挣钱少,就怕走得早。"她的理论一套一套的。

我说:据说国家批准的保健食品有二十七种,我们不能一概否定保健食品的作用。但不能夸大其作用,更不能以伪劣产品欺骗老人。总之,不能把保健食品当药吃,当饭吃。其实,五谷杂粮里什么营养成分都有。我信另外几句话:"朋友常沟通,心态要平衡。小事别计较,健康最重要。好好活,慢慢过,一年还有五万多。不要攀,不要比,不要自己气自己。少吃盐,多吃醋,少打麻将多散步。按时睡,按时起,活动筋骨为自己。少吃保健食品多吃饭,阎王爷就会晚发通知单!"

老王说:今天的龙门阵很有风趣。

我的善言——人心

　　我今天有点儿兴奋,在老伴儿没注意的情况下,我违背长子的嘱咐,偷偷地喝了两小盅。会喝酒的朋友都有一个体会,酒后吐真言。我趁酒劲还没过,吐点儿真言。我相信不会有人介意。

　　老赵说:咱们的龙门阵完全符合宪法规定的言论自由,郑兄,你有话就说,有屁就放。

　　我说:老赵你最后那句,我怎么听着怪别扭,什么有屁就放。难道你认为我这些年辛辛苦苦写的几百万字都是"放屁"吗?

　　老赵赶快说:我这个人嘴里确实吐不出象牙,希望郑兄别往心里去,你就痛痛快快地放吧!

　　我说:人心所向之非常的重要。那么我喝酒后,就谈谈有些人心是怎么丧失的:反腐败那是人心所向,谁要扛起反腐败的大旗,并真的反腐败,那就大得人心,按老百姓的话说,谁就是像包公一样是青天大老爷。但是,后来职工每年的年夜饭、茶话会、执行了几十年的重大节日前,发点儿米、面、油也取消了,调走人时,连顿送行酒也没有了, 家里红白喜事摆几桌也有限制了……这时,我发现人们的口风就开始变了:"反腐败怎么反倒是摊我们这些普通人的头上了!"因为侵犯了个人利益,加上不合乎人情,这时,人们对反腐败开始就不太关心了。你揪出再大的贪官,好像与我们没什么关系，人们高兴之情没有了。有些知识分子，就爱发表个言论，一旦这也不能说，那也不准写，他们就开始怀疑和抵触了。言论宜疏不宜堵。防民之口甚于防川，这是颠扑不破的真理。

老赵说：人心这个东西很怪，看不见，摸不着，不知为一个什么屁大的事，那就丧失了。而且一旦丧失，很难捞回来。结果，你干再大的好事，也没人买账了。在延安时，毛主席就说过，你虽然是阳春白雪，高尚得不得了，但没人买账，也枉然。

帝国主义包围我们，不可怕；打贸易战，不可怕；军事威胁也不可怕。最可怕的是失去人心。只要我们把人心收回来，人心齐，泰山移，我们将无敌于天下！

恩格斯的善言——婚姻

根据曾子的"鸟之将死,其鸣也哀;人之将死,其言也善"的教导,我们这些八九十岁的老人,向晚辈们吐的善言已经有七八次了,出乎预料的是,深受大家欢迎。今天,老陆想说说自己心头的一块心病,我们都洗耳恭听。

陆兄说:我们赶上了好时代,缺吃少穿的日子一去不复返了。我这个人受孔夫子"不孝有三,无后为大"的思想影响很深,这把年纪了,总想实现四世同堂。遗憾的是,我那个孙子总也不与我们配合,他都三十多岁了,就是光打"游击战",不打"阵地战"。也就是光谈恋爱,不结婚。今天领回来一位亭亭少女,过些日子又领回一位刚出道的小明星……现在这女孩子都十分开放,一进门就爷爷奶奶的直叫,还在脸蛋上啃一口。因为她们都抹着口红,亲完后脸上还留下红印。过几个月,旧的走了,新的像走马灯似的又来了。和和平平地来,高高兴兴地走。如此循环往复,以至无穷。但就是不结婚,不给我们生重孙子。你说,让人干着急,一点儿办法都没有。难道,我陆家三世而斩,就见不到第四辈人了吗?我不见到重孙子重孙女,心头的这块病永不除!

老赵说:想当年,咱们通过介绍人一介绍,在很暗的煤油灯下,一见面,觉着差不离,三下五除二就结婚,就生孩子,干脆利索,一点儿也不拖泥带水。怎么现在恋爱如此容易,结婚如此难,生孩子更是难上加难呢?这世道,弄得我眼花缭乱,越来越看不球懂了!

我说:请赵兄注意文明用语,不要出现"球"字。老赵吐了下舌头,不再说话。

看书较多的老王发话了。他说:我看过恩格斯写的一些文章,他老人家认为,随着社会的发展,婚姻关系也在起着巨大变化。总之是越来越自由了。但马克思主义者也反对杯水主义。对年轻人的婚姻,我持开放的态度。至于生不生孩子,还是那句老话,幸福的家庭都是一样的,不幸的家庭各有各的不幸。反正我已实现了四世同堂。我两个孙子,挺争气,结婚后,一个给我们生了个重孙女,另一个生了个重孙子,数量与品种齐全。我老两口心中乐开了花。至于老陆,你老兄也别急,客观情况变化急快,说不定明年你就抱上重孙子了。

老赵说:老王是饱汉不知饿汉饥,得了便宜还卖乖,站着说话腰不疼。

什么话只要一从老赵嘴里出来,怎么就变味了呢!

基辛格的善言——"均势"论

最近一段时间,一条爆炸性的新闻震惊了人们的生活:中国人民的老朋友,在 20 世纪 70 年代初、打开中美关系大门、提出"联中抗苏"、之后有八十多次来我国访问、为中美友好立下汗马功劳的基辛格博士反水了,现在他又提出了"联俄抗中"的战略大棋。人心莫测,难道这是真的吗?

老陈是位"直筒子",他说:我信。这在情理之中,决不在意料之外。首先要弄清楚,基辛格虽然是德国犹太人,但十五岁时就加入了美国国籍,他是为美国的根本利益出谋划策的。不管他来我国多少次,万变不离其宗,虽然他也给我们点甜头,但是大甜头不会给你,还是装在美国兜里。看不清这一点,就是政治上的白痴。

老康说:我记得许多文章中都说,基辛格是信奉"均势"论的。之前基辛格在他的一本著作中说:"均势至少受到两方面的挑战:一是某一大国的实力强大到足以称霸的水平。二是从前的二流国家想跻身列强行列,从而导致其他大国采取一系列应对措施,直到达成新的平衡或爆发一场全面战争。"我们中国人也不要揣着明白装糊涂,我们这几十年的改革开放,已经发展成为世界第二大经济体,因而人家认为已威胁到美国的霸主地位,他不收拾咱收拾谁呢。为了美国的根本利益,需要"联中抗苏"时,就"联中抗苏"。苏联虽瓦解了,瘦死的骆驼比马大。现在你们中国威胁到我的霸主地位了,我再"联俄抗中",这完全符合逻辑。没有什么奇怪的。

老黄说:现在摆在咱们面前的任务是,围剿反围剿,包围反包围,你打我也打,你拉我也拉。普京那么有智慧的人,当年他们吃过美国的大亏,现在美国国内的反俄势力还非常强大,我就不信他现在会与美国联合起来反中国。他难道就不会想到若把中国搞垮了,美国还不反过来再次收拾他,实现逐个击破。

我说:聪明的普京很可能在中美之间"走钢丝",与谁都友好,与谁也保持距离,从而中美通吃。而我们千万不能犯傻,要比基辛格这位智多星和在千名记者面前都能对答如流的普京还要多几个心眼儿。国与国之间的较量是实力的较量。在这实力之中,不光是经济实力与军事实力,而且包括智力、智慧也是第一生产力。

第八章　尾声

龙门阵

前一阵子,我们这些八九十岁以上的老人,遇上了一个十分难得的"战略发展机遇期"。虽然年纪大了,但身体状况还比较平稳。机不可失,时不再来。我抓紧这个"战略发展机遇期",写了一百六十期《龙门阵》,平均每篇一千多字计算,也写了近二十万字,撑起一本书已经没什么问题了。

天有不测风云,人有旦夕祸福。我们的"战略发展机遇期"已经再难找回来了。老康以百岁的高龄于大前天突然无疾而终,昨天我们向他的遗体三鞠躬。老王胆结石的老毛病又犯了,痛得他直打滚,已送往医院治疗。《龙门阵》的中心人物老赵,被空调吹歪了嘴,他"狗掀帘子全仗一张嘴",嘴一歪,说话直漏气,杠是抬不起来了,正在找人扎针灸,还不知道能否由歪扶正,大家跟他开玩笑:你成了歪嘴和尚更会念经了。老姜昨天坐飞机和女儿女婿去新疆看火焰山和天池去了。我说北京今年就热得离谱,你难道还不过瘾,还要去火焰山?他说,我现在去火焰山的一个目的,就是想比较一下北京和哪里更热?

这样一来,我这个龙门阵的形势成了:有门无龙,无龙岂能摆阵?既然摆不开阵了,我何不见势转舵,把这个摊子收了。

回想我们这些八九十岁的老人,在一百多天里,上天入地、国

267

际国内、风土人情、博览群书、世界足球、儿女情长、家长里短、吃喝玩乐、军事文化、经济哲学、临终善言……几乎无所不包。"亲们"说，愿意看纸质书，希望这个"龙门阵"结集出版。不过出书操作起来很费事，我和天津人民出版社共同努力，争取早日将本书出版，与大家见面。

这些年，我的六十多万粉丝的情感和我的情感紧紧地连在一起了。他们每天看不到我写的东西，难免胡思乱想：老头儿病了？老郎才尽了？有不少朋友甚至觉着每天看不见我的微博好像缺点什么。此时此刻，你们一定会问："龙门阵"关门后，你会开什么门，总不能关门大吉吧？

今晨散步时，我突然产生了一个灵感：从明天起我要新起一个炉灶："郑老爷子给粉丝们的'情书'"。几十年前，我给吾儿郑渊洁写过好多信，从中选了一部分早已正式出版，受到广大读者的欢迎。现在写信的人不多了，物以稀为贵。如果我的几十万粉丝朋友，你们每天打开手机、电脑，就能看到我，而且是"童话大王"郑渊洁和"信鸽大王"郑毅洁他爹给你们写的信，我估摸着你们会高兴的。这样，我就由私人的爷爷变成公众的爷爷了。主意已定，明天就行动。不知"亲们"欢迎否，你们还有什么好建议？尽管道来，以助我一臂之力。

在"龙门阵"关门之际，对于大家的支持和捧场，我向"亲们"表示衷心的感谢！

从今以后咱们信上见。